只要有一壶茶，

到哪儿都是快乐的

世界饮茶风情录

姚国坤　刘蒙裕　董俐妤　编著

上海文化出版社

目 录

概述

中国：只要有一茶壶，到哪儿都是快乐的

美洲：饮茶之风吹遍新大陆

大洋洲：由欧洲传入饮茶文化

概 述

　　茶是中国继火药、造纸术、印刷术、指南针四大发明之后，对人类作出的第五大贡献。

—— 李约瑟《中国的科学与文明》（又名《中国科学技术史》）

　　自从茶被中国人发现、利用、培植以后，当今世界至少已有65个国家种茶，更有160个左右国家和地区的30亿人热衷于饮茶，饮茶使人身心健康，并对推动人类社会的文明进步起到重要作用。

茶：源于中国，传播世界

　　史料记载，早在三千年前，当世界上其他地方还不知道茶为何物时，中国人已经开始饮茶了。唐陆羽在《茶经·六之饮》中，根据《尔雅》和《晏子春秋》所载茶事，提出"茶之为饮，发乎神农氏，闻于鲁周公。齐有晏婴，汉有扬雄、司马相如……皆饮焉"。其中，神农是传说中被神化了的人物，但鲁周公确有其人，因此不少人认为鲁周公以及春秋时代的齐国宰相晏婴，便是最早知道饮茶的人。鲁、齐都在中国的北方（指现今山东半岛及曲阜一带），而陆羽在《茶经》中说："茶者，南方之嘉木也。"按此说法，南方是茶的原产地，饮茶更应早于北方。也就是说，南方饮茶要早于春秋战国之时。

西汉王褒《僮约》中有"烹茶尽具""武阳买茶"之述。《僮约》其实是主人对家僮订立的一份契约，其中有要家僮在家里煮茶、洗涤茶具和去武阳（今四川彭山县）买茶的条款。据此，认为距今两千多年前的西汉时，四川一带饮茶已经相当普遍了，并出现了较大规模的茶叶市场。

两汉时，饮茶之风已在长江中下游地区进一步普及开来，随着张骞出使西域和丝绸之路的开通，茶也渐渐进入西域各国。特别是唐宋时期，东西南北中，饮茶已遍及全国，随着茶马互市的开通和"万国来朝"，饮茶之风不但进入西域和现今的中亚、西亚各国，而且还传入现今东北亚的日本、朝鲜半岛和蒙古国。

明清时，特别是明初时，明成祖朱棣命三宝太监郑和"七下西洋"，远航西太平洋和印度洋，先后访问了

30多个国家和地区，最远到达东非、红海沿岸。海上航路的进一步畅通，使茶和饮茶风习又漂洋过海到达世界更多国家和地区。

中国的茶技茶艺、茶风茶俗、茶礼茶德、茶政茶法等，伴随着茶种、茶饮、茶俗，不断从海陆两路迅速向国外传播。世界各国在接受中国茶叶洗礼的同时，不但认识了中国，而且还结合本国的历史文化、民族风情、地理环境，形成各具特色的饮茶风情，并孕育成为一种世界性的饮茶文化。

如今，源于中国的饮茶文化早已在世界五大洲生根开花，世界卫生组织向世界各国人民推荐：茶是最合卫生的国际六大保健饮料（绿茶、红葡萄酒、豆浆、酸奶、骨头汤和蘑菇汤）之一。事实表明，茶已成为全球三大传统饮料（通常是指茶叶、咖啡和可可，也有指茶叶、咖啡和马黛茶的）之首，是一种大众化、有益于身心健康的绿色饮料。

从近年来世界茶叶消费量前10位的国家来看，除中国、印度、日本等茶叶生产国外，有更多非茶叶生产国的人在消费茶，如俄罗斯、美国、巴基斯坦、英国、埃及等，它们都不是茶叶主要生产国，或者说是不产茶的国家，但却是茶的消费大国。另外，近年来人均茶叶消费量靠前的国家如科威特、利比亚、土耳其等都不产茶，但国人普遍喜欢饮茶，对茶情有独钟。

如今，在全世界220多个国家和地区中，有160个左右的国家和地区有饮茶风习，占全世界国家和地区总数的70%以上；在全世界70多亿人口中，有30亿人钟情于饮茶，饮茶人口占世界人口总数的40%以上。追根究源，这些国家和地区的饮茶习俗都直接或间接地受到中国的影响。

五大饮茶区域，三种品饮方式

世界饮茶文化既体现了灿烂的东方文明，又或多或少地带有中国饮茶的印痕，浸润着优秀的中华文化精髓，追求的是以"和"为目标的境界，基本特征是一个"和"字；同时，当饮茶文化传播到欧美等西方国家后，又体现了西方文化的特点，强调人是"万物之灵"，事物是可以改造的，饮茶也是如此，从而使饮茶有了异国风情；另外，当饮茶文化进入各国民族地区后，与他们独特的物质文化和精神文化融合，使饮茶又兼具各民族的特色。上述三者相互交融，终使世界各地的饮茶文化形成了博大精深、雅俗共赏的文化内涵，绽放出异彩纷呈和形式千姿的饮茶特色。在这一格局下，全球的饮茶文化又形成了五个主要饮茶区域。

1.以东北亚为代表的清饮法区域

在这一饮茶区域内，多数国家由于地处茶树原产地及其周边地区，历史上文化交流密切，是东方文化中最具有代表性的区域。饮茶文化至少具有四个共同性特点。

历史悠久：这一地区内，除了中国是茶的发源地，饮茶有数千年历史外，日本及朝鲜半岛饮茶历史也都在千年以上。可以这么说，这一地区饮茶风俗承传千载，始终长盛不衰。

推崇清饮法：除蒙古国和中国西部边疆地区，因地处高原，多戈壁、沙漠、草原，那里的许多少数民族兄弟有喝酥油茶、奶茶等风习外，其余国家和地区推崇的都是清茶一杯，注重香真味实，体现的是茶的原汁原味。

普遍崇尚绿茶：东北亚地区除蒙古及中国西部地区由于有饮奶茶习惯，多饮由黑茶类制成的砖茶外，其他大部分国家和地区，世代相传，清一色地习惯于饮绿茶，饮其他茶类的只是少数。

饮茶氛围浓：在中国，饮茶世代相沿，早成风俗。在日本，平日饮茶与中国无二，倘逢贵客进门或良辰佳节，还须专门以茶道相迎。韩国本国很少产茶，认为饮茶是生活享受，却以客来敬茶为荣。至于蒙古，更有"生活不可无茶"之说。

2.以西欧为代表的调饮法区域

西欧是指欧洲西部濒临大西洋的地区与附近岛屿共同组成的区域。这一地区流行调饮法饮茶。这种饮茶方式还影响到大洋洲、北美、东非、南亚等诸多国家，这是因为17~18世纪时，这些国家大多受英法荷殖民统治，特别是英国殖民统治的影响广而深，饮茶风习往往受到英式饮茶法影响。

据查，早在17世纪初，欧洲的资本主义经济得到较大发展，各国之间的贸易往来日益增多。当时的荷兰就有"海上马车夫"之称，是中国茶最早的贩运者。在17~19世纪时，英国是世界茶叶贩卖的主宰国。最兴盛时，世界茶叶80%以上的出口量，都是通过英国东印度公司贩运出去的。在这一过程中，英国人不但完全接受了这种"东方良药"，而且还创造了饮茶新法"下午茶"，影响波及世界多个地区。英国著名学者乔治·吉辛说："英国人对专心家务的天赋，莫过于表现在下午茶的礼仪当中。（盛茶）杯子和（盛点）盘子发出的叮当声愈多，就有更多的人心情进入愉悦的恬静之中。"英国人对下午茶有"不可一日无此君"之感，在英国流行着这样一句谚语："当时钟敲响四下（注：指英国时间下午四点钟），世上一切瞬间为茶而停滞了。"这种饮茶方式，先兴于英国，后流行于西欧，再影响其他地方。

西欧人饮茶，最早饮的是绿茶；19世纪中期开始，西欧国家逐渐倾向于饮红茶，如今已是红茶的最大消费区。西欧人饮红茶，多数崇尚饮滋味强烈鲜醇、色泽红浓的红碎茶。饮茶方式有清饮的，但更多的是调饮法饮茶，尤以饮加糖和牛奶的红茶为多。

西欧饮茶历史悠久，饮茶风尚很盛，饮茶量也很大。如今，茶在这一地区已渗透到社会的每个角落、每个阶层。可以说茶的身影在西欧无处不在。从20世纪后期开始，饮茶的种类和方式，有走向多元化发展的趋向。

3.以中东为代表的甜饮法区域

中东地区是指地中海东部与南部区域，包括的国家和地区很多。这里是连接亚、欧、非三大洲，沟通大西洋和印度洋的交通枢纽，由于受多种文化影响，使饮茶文化变得十分多样。

中东地区大多信奉伊斯兰教，加之大部分地区属热带沙漠气候，当地人以食牛羊肉以及乳制品为主，烤羊肉串被认为是中东饮食的代表。而茶的解渴、助消化、补营养，正好为当地人民改善生活品质提供了良好选择。另外，伊斯兰文明禁酒倡茶，又为中东国家和地区的饮茶文化发展提供了有利条件。

中东地区大部分国家的人民喜好饮红茶，只有少数地区，如埃及的西部地区等有饮绿茶的习惯。其次，他们饮茶方式多样，有崇尚清饮的，也有喜欢调饮的，爱好在红茶中加上牛奶，在绿茶中加上薄荷。但无论是饮红茶还是饮绿茶，他们总喜欢在茶汁中加上糖块，调成甜味茶饮用，这一点是中东地区饮茶的共同点。

地处撒哈拉大沙漠边缘的西非和北非地区，由于气候炎热，崇尚的是清凉解渴的绿茶饮料，但依然不忘在绿茶中加入方糖，调味成甜绿茶或薄荷甜绿茶饮用。

4.以东南亚为代表的多饮法区域

东南亚又称南洋，是指亚洲东南部的国家。这里地处热带，中南半岛大部分地区为热带季风气候，马来群岛的大部分地区属热带雨林气候。这一区域内，终年高温多雨，分布着茂密的热带雨林，大多数国家都有茶树种植和茶叶生产。加之，中国与东南亚各国相邻，相互交往历史可以追溯到两千年前的汉代。如今，东南亚已是世界上华人、华侨聚集最多的地区。所以，东南亚各国饮茶风习，不但历史久，而且深受华人影响。此外，从近代开始，由于东南亚华人大多来自中国广东、福建沿海地区，因此饮茶明显带有闽粤风习，乌龙茶在这一地区受到欢迎。

近代以来，特别是鸦片战争以后，随着西方的崛起，东南亚国家在西方文化的强烈冲击下，饮茶文化表现出明显的欧化，清饮法逐渐被摒弃，调饮法逐渐被接受并占主导地位。

另外，东南亚是世界上民族最多的地区之一，主要民族不下百个，且语言多样。每个民族都有自己的生活习性，相互交融，构成了千姿百态的饮茶习俗。

东南亚地区饮茶的种类，有饮红茶、绿茶、普洱茶的，也有饮乌龙茶、花茶、保健茶的。饮茶的方法，有崇尚不加任何调料清饮的，也有加入佐料调饮的。饮茶的方式，有推崇热饮的，也有钟情冷饮的。此外，该地区更有一些特色的饮茶方式，如新加坡的肉骨茶、马来西亚的拉茶、印度尼西亚的凉茶、缅甸的腌茶等，为其他国家所罕见。

5.以南美为代表的代饮法区域

南美洲通常指巴拿马运河以南的美洲国家和地

东亚喜欢清饮绿茶

欧洲人喜爱汤色鲜艳的红茶

各种花朵茶

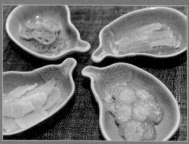

精美的茶食

茶蛋挞

绿茶苹果酥

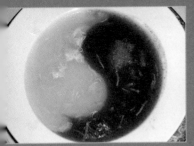
绿茶太极羹

烹茶"四宝"

清喝盖碗茶

中国茶文化追求"和"的境界

核桃派配庐山云雾

16世纪法国铜版画

区。南美洲民族较多，这里的大部分地区属热带雨林
和热带草原气候，种植业中经济作物占绝对优势。19
世纪初茶树种植业首先从巴西开始，如今南美的阿根
廷、秘鲁、厄瓜多尔等国家还种有茶树。

南美洲的饮茶历史大约始于17世纪初期。16世纪
初，葡萄牙侵占了巴西，西班牙统治除巴西外的其他南
美地区。从此，南美进入了长达三百年的殖民统治时
期。也就是在这一时期，殖民者纷纷从中国贩运茶叶进
入南美洲市场，将饮茶的风习传入南美。

南美洲人民为了自由和解放，自1810年开始，经过
十余年浴血奋战，终于推翻了殖民统治。自1826年开
始，相继建立起十个独立国家。但19世纪中期以后，殖
民统治者又乘虚而入，将南美各国变成他们的原料供应
地，倾销商品，输出资本。特别是在19世纪末崛起的美
国，虽然地处北美，但凭借其经济实力和有利的地理位
置，排挤其他国家的势力，成为南美洲的霸主。直到第
二次世界大战以后，随着南美各国人民反抗斗争的广泛
开展和日益深入，先后摆脱殖民统治，才取得独立。所
以，南美各国的饮茶习俗，不但带有欧美等国的印记，
而且还深嵌本民族的印痕。加之，这里长期受殖民统治
的影响，经济相对落后。在这种情况下，只有部分当地
人将当时价格相对昂贵的舶来品茶叶当作饮料，其他人

只得饮用当地生产的代用茶。时至今日，当地生产的代用茶仍有相当广阔的市场。如生长在南美洲的马黛树叶精制而成的马黛茶，依然是南美广大地区最为流行的一种代用茶饮料。长期生活实践和现代科学研究表明，马黛茶含有200种左右活性元素，抗氧化作用强，被南美洲人民视为"饮料中的魁星"。如今，在欧洲、大洋洲以及亚洲不少国家，也时有所见。

21世纪以来，南美洲种茶、饮茶氛围渐浓，有些国家茶的种植和消费已经达到相当高的水平。特别是阿根廷，采摘茶园面积和茶叶产量均居世界前列。而乌拉圭、智利等国，也有一定数量茶叶生产。

世界各国结合本民族的风土人情、历史文化、地理环境，使饮茶方式变得异彩纷呈，林林总总：如中国的茶艺、日本的茶道、英国的下午茶、韩国的茶礼、美国的冰茶、俄罗斯的甜茶、印度的舔茶、西非的薄荷茶等，它们都是融合了民族风情和地域特色的饮茶文化呈现。尽管世界各国饮茶方式千变万化、风情万种，且饮茶形式多种多样，但如果把各种饮茶方式归纳起来，不外乎是清饮法、调饮法和药饮法三种。

1.清饮法

就是将茶直接放入壶或杯中，再用沸水冲泡茶，而后直接饮用，无须添加任何其他调味佐料。它追求的是茶的真香真味，要的是茶的原汁原味，呈现的是茶的本来面目。宋代诗人苏东坡有诗云："从来佳茗似佳人。"这样的茶，正如一位天生丽质的美人，不需要人工的雕琢，也能散发出自然的韵味。这种饮茶方法，多出现在茶树原产地及其周边国家，主要流行于东北亚地区的一些国家，如中国、日本、韩国以及东南亚的一些国家。

2.调饮法

就是在饮茶时，还需在茶的沏泡过程中添加一些既调味又含营养，并有保健作用的辅料，饮用的是包括茶在内的混合饮品。其中，以调味为主的有食盐、薄荷、柠檬、花果等，以营养、保健为主的有奶乳、蜂蜜、白糖等。用调饮法沏泡的茶，有甜味调饮法和咸味调饮法之分。

3.药饮法

"茶药同源""药食同源"，茶的最早利用，就是从食用、药用开始，而后才成为健康饮料。

茶叶传入欧洲，最初也是从神奇而又充满东方魅力的"仙草"开始，而后逐渐成为英国贵族推崇的奢侈饮料，最后进入寻常英国人的生活。1657年，英国商人托马斯·加仑威（Thomas Garraway）在伦敦开了一家加仑威咖啡屋（Garraway's Coffee House），首次向公众售茶。托马斯·加仑威还用张贴海报的形式来推荐中国茶的药用功效，他在海报广告中列举了茶叶的多种药用价值，称茶可以治疗十多种疾病。

东北亚的日本、韩国、蒙古等，中亚的哈萨克斯坦、乌兹别克斯坦、塔吉克斯坦等国，东欧的俄罗斯等国，东南亚的越南、老挝、柬埔寨、泰国、缅甸、马来西亚、新加坡、印度尼西亚等国，它们与中国相邻或相近，尤其是东南亚诸国华人很多，与中国一样，素有将茶作药用之俗，认为常饮陈年普洱茶有降低"三高"病人血脂、血糖和血压的功效。

当代研究还进一步发现，茶叶中的某些化合物质，特别是茶多酚与香烟中的尼古丁化合会形成无毒的复合物，对香烟中的烟碱能起到良好过滤作用。俄罗斯和英国等国如今已将茶多酚用作香烟过滤片，并研制生产"茶烟"投放市场，以减轻吸烟产生的尼古丁给人的健康带来的伤害。

饮茶向世界展示了博大精深的中华茶文化，而茶文化融入世界的结果，使得世界文化更加和美融洽。

中国：只要有一茶壶，到哪儿都是快乐的

中国历代饮茶方式的演变

从茶被发现、利用，并成为饮料在全国范围内普及开来，是有一个相当长的过程的。在中国，茶作为饮料，由药用、食用发展至饮用，大致说来，发生在茶树原产地的西南地区，特别是巴蜀一带，当在春秋至秦代之时。而在长江中下游的湖南、安徽、江苏、浙江一带，以及北方广大地区，自秦至汉时饮茶风习也逐渐传播开来。经六朝至隋唐时，饮茶之风已遍及全国，并传入西域和东北亚各地。饮茶在全国范围内普及以后，饮茶方式也随着生活质量的提升和茶叶利用方式的改革而出现了一个渐进的演变过程。但饮茶方式的变更并没有一个绝对的界限，也就是说，一种新的饮茶方式的出现与形成，和先前饮茶方式的衰退与消亡，是交替进行的。但就全过程而言，大致经历了四个时期，并呈现出四种不同饮茶方式。

隋唐前的混煮羹饮法

最早，中国的先民把茶当作一种药物和食物。他们从野生的茶树上采下嫩叶，先是生嚼，随后是加水煎煮成汤后饮用。

春秋战国时，周文王之子、周武王之弟鲁周公，以及齐国宰相晏婴，已经开始知道饮茶，开创了中国饮茶的先河。

秦汉时，饮茶之风已从中国的西南部逐渐传播开来。到三国时，不但上层权贵喜欢饮茶，而且文人以茶会友渐成风尚。当时的饮茶方法，虽然已经摒弃了早先的原始粥茶法，但仍属半煮半饮的范畴。这可在三国魏张揖《广雅》记述中得到证实："荆巴间采茶作饼，叶老者，饼成以米膏出之。欲煮茗饮，先炙令色赤，捣末置瓷器中，以汤浇覆之，用葱、姜、橘子芼之。"就是说，那时饮茶已由生叶煮作羹饮，发展到先将制好的饼茶炙成"色赤"，然后"置瓷器中"捣碎成末，再烧水煎煮，加上葱、姜、橘皮等调料，最后，煮熟供人饮用。

南北朝时，佛教兴起，僧侣提倡坐禅饮茶，以驱睡魔、轻身心。其时，特别是南朝，不仅上层统治者把饮茶作为一种高尚的生活享受，一些文人墨客也习惯于以茶益思，用茶助文，敬茶示廉。尽管如此，根据北魏杨衒之的《洛阳伽蓝记》所述，当时北方的北魏仍把饮茶看作是奇风异俗，"皆耻不复食"，只有南朝来的人才喜欢饮茶，表明当时北方饮茶之风尚未形成。只是到了隋唐时，饮茶开始普及全国，饮茶方式也随之更加讲究，一种有别于混煮羹饮法的煮茶方式也就诞生了。

隋唐时的煮茶法

隋唐时期，饮茶之风开始遍及全国。茶叶已不再是士大夫和贵族阶层的专有品，而成为普通老百姓的日常饮料。

另外，在一些边疆地区，诸如新疆、西藏等地，兄弟民族在领略到食用奶肉后饮茶有助于消化的特殊作用后，也视茶为珍品，把茶看作是最好的饮料。

唐代的饮茶方式与早先相比，更加讲究技艺。自此，在中华大地，饮茶之风已普及全国。所以，唐代封演所撰《封氏闻见记》载有当时"茶道大行，王公朝士无不饮者"，茶成了"比屋皆饮"之物。

陆羽提倡的饮茶方法，不但注重茶性，而且要求茶、水、火、器"四合其美"；同时，还特别强调煮茶技艺，如：

煮茶前，先要烤茶：用高温"持以逼火"，并经常翻动。"屡其翻正"，否则会"炎凉不均"，烤到饼茶起"虾蟆背"状小泡时，当为适度。

烤好的茶要用剡纸趁热包好，以免香气散失。至饼茶冷却时，将饼茶掰成小块，再碾成"细米状"即可。

过罗，即过筛，将碾细的茶筛分，使茶颗粒均匀。

煮茶需用风炉和釜作器具，以木炭和硬柴作燃料，再加鲜活山泉水煎煮。

煮茶时，当烧到 ——

水有"鱼目"气泡，"微有声"，即"一沸"时，加适量盐调味，并除去浮在表面、状似"黑云母"的水膜，否则会"其味不正"。

接着继续烧水至边缘气泡"涌泉连珠"，即"二沸"时，先在釜中舀出一瓢热水，再用竹夹在沸水中边搅边投入碾好的茶末。

如此烧到釜中的茶汤气泡如"腾波鼓浪"，即"三沸"时，加进"二沸"时舀出的那瓢水，使沸腾停止，以"育其华"。这样茶汤就算烧好了。

同时，主张饮茶要趁热连饮，"重浊凝其下，精华浮其上"，认为茶一旦冷了，"则精英随气而竭，饮啜不消亦然矣"。书中还谈到，饮茶时舀出的第一碗茶汤为最好，称为"隽水"，以后依次递减，每釜茶煮3至5碗。上面说的仅是唐代民间煮茶和饮茶的方法。

宋元时的点茶法

在饮茶史上，有"兴于唐，盛于宋"之说。北宋蔡绦在《铁围山丛谈》写道："茶之尚，盖自唐人始，至本朝（宋）为盛。而本朝又至佑陵（即宋徽宗）时益穷极新出，而无以加矣。"大宋皇帝徽宗，也不无得意地著书说：宋代茶叶"采择之精，制作之工，品地之胜，烹点之妙，莫不盛造其极"。可见宋代对茶叶的采制、品饮都是十分讲究的。

点茶时，要将饼茶碾碎，过罗（筛）取其细末，入茶盏调成膏。同时，用瓶煮水使沸，把茶盏温热，认为"盏惟热，则茶发立耐久"。调好茶膏后，就是"点茶"和"击沸"。点茶，就是把瓶里的沸水注入茶盏。点水时要喷泻而入，水量适中，不能断断续续。而"击沸"，就是用特制的茶筅（即小笊帚），边转动茶盏，边搅动茶汤，使盏中泛起"汤花"。如此不断地运筅击沸泛花，使点茶进入美妙境地。宋代许多诗篇中，将此情此景称为"战雪涛"。鉴别点茶的好坏，首先看茶盏内表层汤花的色泽和均匀程度，凡色白有光泽，且均匀一致，汤花保持时间久者为上品；汤花隐散，茶盏内沿出现"水痕"的为下品。最后，还要品尝汤花，比较茶汤的色、香、味，从而决出胜负。连大宋皇帝也以茶为内容著书立说，大谈斗茶之道，由此可见当时饮茶之风的盛行了。斗茶也推动了宋代茶叶生产和烹沏技艺的精益求精。

明清时的泡茶法

明时，太祖朱元璋下诏，废团茶，兴叶茶，随着茶叶加工方式的改革，成品茶已由唐代的饼茶、宋代

世界饮茶风情录

的龙团凤饼茶改为炒青条形散茶，人们饮茶不再需要
将茶碾成细末，而是将散茶放入壶或盏内直接用沸水
冲泡。这种用沸水直接冲泡茶叶的方式，不仅简便，
而且保留了茶的清香本味，便于人们对茶的直观欣
赏，可以说是饮茶史上的一大创举，也为明人饮茶不
过多注重形式，而较为讲究情趣创造了条件。所以，
明人饮茶提倡常饮而不多饮，对饮茶用壶讲究综合艺
术，对茶境有更高的要求。品茶玩壶，推崇小壶缓啜
自酌，成为明人的饮茶风尚。

清代，饮茶盛况空前，不仅人们在日常生活中离不
开茶，而且办事、送礼、议事、庆典也同样离不开茶。
茶在人们生活中占有重要的地位。此时，中国的饮茶之
风不但传遍欧洲，而且还传到了美洲新大陆。

现当代的多元化饮茶法

进入现当代社会，茶已渗透到中国人生活的每个角
落、每个阶层，成为老少咸宜、男女皆爱的举国之饮。

饮茶的方式和方法更是多种多样。以烹茶方式而
论，有煮茶、煎茶和泡茶之分；依沏茶形式论，有清
饮、调饮和药饮之样；依饮茶方式而论，有喝茶、品茶
和吃茶之别；依用茶目的而论，有生理需要、传情联谊
和精神追求多种。总之，随着社会的发展与进步、物质

财富的增加、生活节奏的加快，以及人们对精神生活要求的多样化，中国人，乃至整个世界，在不知不觉中将饮茶一事也变得更加丰富多彩和多样化了。

特别是进入21世纪以来，随着"颜值经济"和"社交经济"在年轻追随者中的快速增长，一种欢快式、集约式的饮茶方式从城市到乡村快速蔓延开来，卖茶讲究意境、品饮讲究氛围、茶料讲究新颖，水果茶、香花茶、果花茶、奶花茶之类，有花香、果味，奶稠、茶清的不同配合的"老树新枝"型饮茶法脱颖而出，深受年轻人的追捧。

茶，无处不在

"饮茶为整个国民的日常生活增色不少。它在这里的作用，超出了任何一项同类型的人类发明。饮茶还促使茶馆进入人们的生活，相当于西方普通人常去的咖啡馆。人们或者在家里饮茶，或者在茶馆饮茶；有自酌自饮的，也有与人共饮的；开会的时候喝茶，解决纠纷的时候也喝；早餐之前喝，午夜也喝。只要有一茶壶，中国人到哪儿都是快乐的。"现代著名学者林语堂先生《喝茶》中的一番话，体现了茶在中国人生活中的重要地位。

在中国，茶是生活的必需品。贫穷有贫穷的活法，富裕有富裕的活法。贫者"粗茶淡饭"度日，富者有"诗酒茶"的闲情逸致。可以这么说，茶与中国人的生活形影相随。

婚丧嫁娶皆有茶

茶在民间传统婚俗中历来是象征"纯洁、坚贞、多子多福"的吉祥之物。茶与婚姻的关系，最早可追溯到千年前的唐代，唐太宗在遣兵灭了东突厥和击败西南吐谷浑后，打通了大唐通往西域的通道。为增进大唐与西域的经济和文化交流，加强彼此间睦邻友好关系，太宗于贞观十五年(641年)将宗女文成公主远嫁吐蕃松赞干布，在聘礼中就有茶叶。据藏史载，藏王松布之孙（即松赞干布）时，"为茶叶输入西藏之始"。

但茶与婚俗的最早文字记载则始于宋代，在南宋陆游《老学庵笔记》中有："男未娶者，以金鸡羽插髻，女未嫁者，以海螺为数珠挂颈上……歌曰：'小娘子，叶底花，无事出来吃盏茶。'"这里小伙子以"叶底花"比作自己的心上人，委婉地挑明了自己请姑娘吃盏茶的真实心思。可见，这歌词中的"吃盏茶"，并非是普通意义上的饮茶，它隐指的是男女之间的婚配。又如宋人吴自牧在《梦粱录》里，记述了南宋京城杭州的婚俗，在男女青年相见后，双方若中意，则由媒人沟通双方情意，议定婚礼，随即报送女方家中。"丰富之家，以珠翠、首饰、金器、销金裙褶及缎匹、茶饼，加以双羊牵送。"在定婚中，茶是不可缺少的定情之物。

　　至明代时，对"吃茶"一词则有了更为明确的诠释。明人郎瑛《七修类稿》曰："种茶下籽，不可移植，移植则不复生也。故女子受聘，谓之'吃茶'。又聘以茶为礼者，见其从一之义。"古人因受科学发展水平的限制，认为茶树生长必须用种子繁殖，且生长后不可移栽。以茶为聘，预示男女婚配，白头到老，有"从一而终"之意。对此，明代许次纾《茶流考本》亦曰："茶不移本，植必生子。古人结婚，必以茶为礼，今人犹名其礼曰'下茶'。"明代陈耀文《天中记》中也写道："凡种茶树必下子，移植则不复生，故俗聘妇以茶为礼，取其不移置予之意也。"在明末冯梦龙编著的《醒世恒言》中，有一篇题为《陈多寿生死夫妻》的小说，其中写到柳氏嫌贫爱富，强迫自己女儿退掉陈家"茶礼"，另配富户时，遭到女儿剧烈反抗，说"从没有见好人家女儿吃两家茶"的。最终，柳陈二人有情人终成眷属，结为生死夫妻。

　　清时，"扬州八怪"之一的郑板桥作《竹枝词》，诗曰："溢江江口是奴家，郎若闲时来吃茶。黄土筑墙茅盖屋，门前一树紫荆花。"诗中描写的是一位感情真挚的姑娘，主动请郎君喝茶，并急于告诉对方自己的家庭住址、房舍特征和环境特点。这是一位情窦初开少女对心上人含蓄表达内心激动、热烈的感情，以"吃茶"作纽带，实则是真情实意的示爱。又如曹雪芹在《红楼梦》第二十五回中所写，当王熙凤送给林黛玉暹罗茶后，对林妹妹打趣地说："你既吃了我们家的茶，怎么还不给我们家作媳妇。"这里，王熙凤虽是试探性的调笑，但也反映了茶在清代婚姻中的含义与作用。

至今茶在婚礼中作为"从一"、坚贞的象征，也普遍流行于各个地区。早先，在福建、台湾一带，在民间婚姻礼仪中就有"三茶天礼"之俗，说的就是订婚下彩礼时的"下茶"、结婚迎亲时的"定茶"、洞房花烛夜见面时的"合茶"。在浙江杭（州）嘉（兴）湖（州）一带，茶与婚俗的关系更为紧密，订婚下彩礼要送定婚茶，结婚时要饮同心茶，结婚后新娘首次回娘家时得喝新娘子茶，凡此种种，名目繁多，但与茶相联、用茶示礼的内涵是不变的。又如在江苏、浙江、上海一带，还广泛流传一种"吃糖茶"的婚俗。大凡婚娶人家，在新娘子过门之时，婆家定会先送上一杯放有爆米花的糖茶，然后再沏一碗江南名茶送给新娘品赏，它的寓意一是表示对新娘的盛情款待，二是预示新娘今后生活甜甜蜜蜜，三是象征着新娘扎根安家，开花结籽，家庭生活美好和谐。

而在一些少数民族地区，茶在婚俗中的地位与作用更为突出。

居住在云南省普洱、临沧一带的拉祜族青年，当男方去女方家中求婚时，一包亲手制作的茶叶、两只茶罐及两套茶具是必备之物。女方家长定会以男方送来的茶为参照物，从中判断男方的劳动本领和制茶手艺高低。所以，茶被看作求婚茶，而茶叶质量的优劣就成为青年男女能否结合的关键条件。又如居住在西双版纳州的布朗族，青年男女举行婚礼时，男方通常会派一对夫妇接亲，女方则会派一对夫妇送亲。在女方父母给女儿的嫁妆中，不管家境是穷是富，茶种是必不可少的，它象征婚姻美满、家庭幸福、白首到老，像茶树一样在男方家"生根开花"。还有，居住在大理一带的白族青年男女，从订婚到结婚这段时间里，特别是在举行婚礼时，常以茶代礼，双方长辈总会给新郎、新娘喝上一苦、二甜、三回味的"三道茶"，寓意婚后生活，只有苦尽才会甜来，这也是父母对子女的深深嘱托。而在婚礼上，新郎新娘也必定会以三道茶——敬奉给前来庆贺的亲朋好友。

居住在西藏的藏族同胞总是将茶叶作为婚姻的珍贵礼物。当青年男女结婚时，必然会打出大量色泽红浓的酥油茶招待前来贺喜的亲朋好友，并要由新郎、新娘亲自把壶斟茶，它象征着婚姻幸福美满、伉俪情深，这种古朴风俗一直沿袭至今。

居住在贵州黔西南州、黔东南州一带的侗族青年男女，他们的婚姻往往先是由双方父母私下决定的。这时，如果女方姑娘不满意这门婚事，双方父母又不便明言，姑娘往往会悄悄包好一包茶叶，选择适当时机，亲自送茶到男方家中，对男方的父母说："舅舅、舅娘，我没有这份福气来服侍二老，只好请二老另找好媳妇吧。"然后，有礼貌地把茶叶放在堂前桌子上告辞。其意是我另有谋划，一人不吃"两家茶"。如此，这门亲事就算推掉了。

对于居住在湖南绥宁一带的苗族兄弟而言，茶是青年男女恋爱时的传情之物。当男青年前去姑娘家求婚时，姑娘会向前来求亲的男青年送上一杯"万花茶"，如若姑娘对婚事表示中意，茶杯里除放有茶外，还会放上四片"花"，表示两片为并蒂荷花、两片为对鸣的喜鹊。倘若姑娘不情愿，这时的茶杯中只放有一片荷花、一只喜鹊，这叫孤花独鸣，只是一厢情愿。这万花茶中的"花"是姑娘们在每年秋收时，用冬瓜片、橙子皮等精心雕成的，时刻为自己的终身幸福做准备。

　　居住在广西的侗族、瑶族未婚青年，他们向姑娘求婚时，就会请媒人去姑娘家说亲。而媒人向女方表达情意时，总是说："某某家让我来你家向姑娘讨碗油茶吃。"如果女方父母同意，那么这门婚事就算定了。所以，"吃油茶"一词，其意并非是单纯的吃茶之意。而当青年男女喜结良缘时，他们的婚礼上，总是少不了"一杯清茶，一堆火"。通常娶亲的一方家中由最年长的老人出面迎接新人，可只备一杯清茶，以及一堆烧得旺旺的火堆。婚礼进行时，先由长者给新人赐茶并致辞，而后便绕着火堆转圈完婚，它预示新人永结同心，事业红红火火。

　　居住在辽宁、内蒙古一带的撒拉族，当青年男女私下互生情意后，男方就会请媒人去女方家说亲，经女方或女方父母同意后，男女双方便择定吉日，男方家则请媒人向女方家送上"订亲茶"。订亲茶通常是两公斤，分成两包。另外，还要加上一对耳坠及其他礼品，以示成双搭对，生活和和美美。

　　居住在甘肃、青海一带的裕固族青年男女，在婚礼的第一天，只把新娘接进专设的小帐房，由伴娘和新娘同宿一夜。到第二天早晨吃过酥油炒面茶后，方才举行新娘进大帐房仪式。而当新娘进入大帐房时，要先向设在正房的佛龛敬献哈达，向分别正坐在佛龛两侧的公婆奉上酥油茶；当进房仪式结束后，即可进入欢庆和宴饮活动。仪式开始时，有两位歌手，一位手提一只羊小腿，另一位端着一碗茶，茶碗中间放一大块酥油和四块小酥油。茶代表大海，酥油代表高山，预示着新郎新娘日后生活波澜壮阔，前程美满。

居住在浙江、福建一带的畲族青年男女订婚下茶（彩）礼时，女方家庭会用茶盘捧出五碗热茶，并将它们叠罗汉式叠成三层：一碗垫底，中间三碗围成梅花状，顶上再压一碗，呈橄榄状献给男方宾客"亲家伯"品饮。而亲家伯品饮时，得用牙齿紧紧咬住顶上的那碗茶，以双手挟住中间那三碗茶，再连同底层的那碗茶，分别递给四位轿夫，自己则一口饮干咬着的那碗热茶，可算得是高难度的品茶技艺。它的真实寓意是向男方表示：我们已经吃了茶，允诺这门亲事，永结同心，大家可以作证。

茶与婚俗有着千丝万缕的联系，而人生的终点，亦离不开茶。

在湖南长沙马王堆西汉1号墓（前160年）和3号墓（前165年）出土的随葬清单中，有"槚一笥"简文各一片，3号汉墓出土的竹箱(古代叫做笥)上还系有"槚笥"木牌一块。经查证："槚"是古代"檟"的异体字，即为"苦荼"的意思，指的就是茶；而"笥"是"箱"的意思，指的是容器，说明当时已有将茶叶作为陪葬品的做法。近些年，在西安发掘汉阳陵时，考古学家在考古挖掘西汉景帝刘启（卒于前142年）陵墓时，在第15号墓道中出土了珍贵的嫩梢芽叶，后经考证为扁形散茶。说明身为一国君主的西汉景帝，生前好茶，茶是景帝享受之物，死后仍不忘带随身旁。这表明至迟在2100多年前，茶已作为丧事的随葬品。这种风俗，在中国不少地区都有发生，一直沿袭至今。有些认为长辈生前爱茶，死后灵魂尚存，爱茶之习依然，于是做晚辈的出于孝心，就得用茶作为随葬品，以慰藉长辈在天之灵。其实，用茶作为随葬品，大致有三层意思：

一是认为茶是人们生活的必需品，人虽然死了，但灵魂不散，其衣食住行依旧，饮茶依然是不可少的。这虽然带有一些神秘色彩，但也表明晚辈对长辈的一片孝心。云南丽江地区纳西族的鸡鸣祭就是例证。纳西族办丧事时，出葬通常选择在五更鸡叫时进行，故名鸡鸣祭。出葬前，家人会备好米粥、糕点等物品供于灵前，倘若逝者是长辈，子女会用茶罐泡好茶，倒入茶盅以祭亡灵。这是因为纳西族人个个爱茶，认为人死后自然也离不开茶。

二是认为茶是"洁净之物"。湖南民间在丧俗中，逝者在放入棺材时使用茶枕就是考虑到这一点。旧时，在湖南中部山区民间，一旦有人亡故，家人就会用白布作套，内裹茶叶，做成一个三角形的茶枕，随死者殓入棺材。这样做，一则因为茶是洁净之物，象征着消除死者病痛；二则可以净化空气，消除异味。

三是表示生者对死者的一种哀思。如纳西族同胞不仅在鸡鸣祭时用茶，凡遇有长辈即将去世时，子女便会选用一个小红包，内装茶叶、碎银和米粒，放在即将去世人的口中，边放边嘱咐道："你去了不必挂牵，喝的、用的、吃的都已为你准备好了。"一旦病人停止呼吸，立即将小红包从死者口中取出，挂在其胸前，这种做法俗称"含殓"，包含了对逝去亲人的浓浓惦念之情。

从上可见，用茶作丧葬物，既有象征意义，又有功能作用。云南的德昂族先民把茶视为图腾，认为茶有功于部族与世界。据查，德昂族历史上曾几度迁徙，但是他们走到哪里就把茶种到哪里。德昂族神话史诗有云：有德昂的地方就有茶叶，德昂人的身上飘着茶叶的芳香。他们认为人是不能离开茶的，即便人死了，但精魂犹存，如同凡间一样，茶仍然是不可少的。为此，德昂族人民每年都会在一个特定的时间进行祭茶仪式，以此秉告上苍，慰藉神灵，安抚鬼魂，保佑平安。

敬神祭祖不离茶

祭祀是华夏礼典的重要组成部分，也是儒家礼仪中的主要体现部分，它的本意是敬神、求神和祭拜祖先。因为先人们认为人的灵魂可以离开躯体，独立存在于宇宙之中，祭祀便是这种灵魂观念的衍生。而茶的品性高洁，融通心灵，人见人爱，为世人追求，古往今来，常被用作祭祀之物。祈祷天地、告慰神灵、祭拜祖先等活动都离不开茶。

祭神灵：早在两晋南北朝时期，东晋干宝《搜神记》载："夏侯恺因疾死，宗人字苟奴，察见鬼神，见恺来收马，并病其妻。著平上帻、单衣入，坐生时西壁大床，就人觅茶饮。"表明茶作为祭品之事，至迟在东晋时已有发生。另在神怪故事《神异记》中也说到，晋代时，浙江余姚人虞洪上山采茶，遇见一位道士，牵着三头青牛，道士对他说："予丹丘子也。闻子善具饮，常思见惠。山中有大茗，可以相给，祈子他日有瓯牺之余，乞相遗也。"后来，虞洪就用茶祭祀，再叫家人进入深山寻茶，果然采到大茗（茶）。南北朝时，据《南齐书·武帝本纪》载，南朝齐世祖武皇帝在临终前，留下的遗诏中说："我灵座上，慎勿以牲为祭，但设果饼、茶饮、干饭、酒脯而已。天下贵贱，咸同此制。"这是迄今可见的用茶祭祖的最早文字史料记载。在南朝宋刘敬叔的《异苑》中，还谈到剡县（今浙江嵊州市）人陈务的妻子年轻守寡时，和两个儿子住在一起，她喜欢喝茶。又因为住宅旁有一座古墓，所以她每次在喝茶之前，总要面向古墓，用茶去祭亡灵。但两个儿子讨厌母亲这种做法，埋怨说："古冢何知？徒以劳！"甚至扬言还要把古墓掘掉，后经母亲苦苦劝说，才算作罢。可有一夜，母亲做梦时，见到有人对她说："吾止此冢三百余年，卿二子恒欲见毁，赖相保护，又享吾佳茗，虽潜壤朽骨，岂忘翳桑之报。"天亮后，当母亲走到院子外，果然发现地上有铜钱十万，仔细一看，好像是很久以前埋在地下的，只是穿钱的绳子是新的。她随即把这件事告诉两个儿子。两个儿子一听，都自感惭愧。从此以后，他们全家人天天都向古墓祭奠，而且非常虔诚。

又如，明代道士思瓘，当年曾在江西南城外麻姑山修建了一座麻姑庵，他每天要在庵中以茶供神，还誉称该茶为"麻姑茶"。史载，台湾栽种的茶树品种，是清代时由福建移民传播去的，早期制茶师大多是从福建聘请。而这些制茶师每年春天渡海去台湾时，总要先用茶祈求航海保护神妈祖保佑。后来，福建制茶师渡海去台湾制茶时，索性从家乡福建迎请妈祖去台湾，尊为"茶郊妈祖"，供在台湾，并定下每年农历九月二十二日，闽、台茶家共同用茶祭祀"茶郊妈祖"，以求神灵保佑，茶叶丰收。这种用茶祭神之举，至今不改。

浙江安吉是白茶（叶）之乡，白茶源于山谷岩壁中的一丛白茶（叶）树。由这丛茶树经过多次繁衍，日积月累，终于培育成安吉白茶，造福一方，惠及全国。于是，安吉人民每年都要祭拜这丛白茶之祖，并塑造白茶仙子神灵，感谢她造福人民之恩。其实，这种祭茶祖的习俗，在中国茶区随处可见，且经世不绝，一直流传至今。如各地茶区人民祭神农、祭吴理真、祭陆羽、祭诸葛亮等等，就是这种情感的反映。

在中国民间，特别是江浙沪一带，一些信神拜佛的善男信女在逢年过节时，还常用"清茶四（种）果"或"三（杯）茶六（杯）酒"，拜天谢地、祭祖祀神，希望能得到神灵的保佑、祖先的庇护。

在少数民族地区，以茶祭神敬祖，更是习以为常。用茶祭祖祀神，几乎是所有民族共有的风俗，它的本意是指望天下太平，国泰民安，五谷丰登。

祭岁时：茶在中国民间有着深厚的文化底蕴，春节欢庆，以茶待客；元宵观灯，以茶助兴；清明时节，采茶祭祖；端午龙舟，以茶明志；七夕鹊桥，以茶为媒；中秋月圆，以茶怀乡；重阳敬老，以茶益寿。这种岁时茶祭的风俗，由来已久。明代田汝成《西湖游览志余》载："立夏之日，人家各烹新茶，配以诸色细果，馈送亲戚、比邻，谓之七家茶。"在江浙、闽台等地，端午节时，有选用红茶、苍术、柴胡、藿香、白芷、苏叶、神曲、麦芽等为原料，煎制成"端午茶"供大家饮用，期望可以逢凶去疾，遇难化吉，避灾消难。在端午节时，有钱人还会把"端午茶"作为一种施舍，供众乡里享用。穷人亦会集资配料，以喝上一大碗端午茶为乐事。

时至今日，这种喝岁时茶的风俗，依然时有所闻。如每逢农历正月初一有新年茶、二月十二有花朝茶，公历4月5日有清明茶，农历五月初五有端午茶、八月十五有中秋茶。这种民间的吉日茶祭，意在祈求天下太平，岁岁丰登。

又如在江浙一带，农历七月初七地藏王菩萨生日，农历七月十五日"鬼节"，农历十二月二十三日祭灶节，农历十二月三十日除夕，等等，就得用三茶六酒，拜天谢地，告慰神灵。

岁时茶祭在少数民族地区也较为常见，在贵州侗族居住区，每年正月初一，各家各户会用红漆茶盘盛满糖果，全家人围坐在火塘四周喝年茶，认为这样做可以获得合家欢乐，国泰民安。此外，侗族还有"打三朝"的风习，就是在小孩出生后的第三天，主人会将桌子拼成"长龙席"，桌上放满茶水、茶点、茶食，邀请邻里乡亲、亲朋好友团团围坐，边唱歌、边喝茶，祈祷上苍保佑孩子长命富贵、聪明智慧。

居住在云南双江的傣族同胞，定每年农历三月初六和五月十九日为寨子的祭龙日，祭拜生长在寨子中的一株最古老、枝叶最茂盛的大树。在祭龙的日子里，全村家家户户、男女老少敲锣打鼓，带上准备好的茶叶、茶水、生米、熟饭、酒肉和红、黄、蓝、白丝线等物品，由佛爷、寨主（头人）领路到龙树旁跪拜。佛爷诵经，寨主讲寨史，然后将茶叶等祭品供奉在树下，各颜色的丝线、棉线环绕大树，以求神龙保佑全寨平安。

茶话会

茶话会，顾名思义是饮茶谈话之会。它简单质朴，不拘泥于形式，既不像古代茶宴、茶会那样隆重和讲排场，也不像日本茶道那样循规蹈矩，需要有一套严格的礼仪和规矩，而是以清茶或加茶点的方式来招待客人的一种集会和社交形式。在茶话会上，大家饮茶品点，无拘无束，叙谊谈心，快乐自在。在这里，品茗成了促进人与人之间交流的一种媒介，饮茶解渴已经无关紧要。

茶话会是在古代茶话和茶会的基础上逐渐演变而来的。"茶话"一词，据《辞海》载："饮茶清谈，方岳《入局》诗：'茶话略无尘土杂。'今谓备有茶点的集会为茶话会。"表明茶话会是指用茶和茶点招待宾客的一种社交集会。但"茶会"一词，最早见诸唐代钱起的《过长孙宅与朗上人茶会》："偶与息心侣，忘归才子家。玄谈兼藻思，绿茗代榴花。岸帻看云卷，含毫任景斜。松乔若逢此，不复醉流霞。"诗中表明：钱起、长孙和朗上人茶会时，他们是一边饮茶，一边言谈，不去欣赏正在绽放的石榴花，而是神情洒脱地饮着茶，甚至连天晚归家也忘了。在这里，茶会时的欢乐之情，溢于言表。从上可见，茶话会与茶会、茶宴一样，已有千年以上历史了。

茶话会，其形式可因内容、人员的不同有所区别。如参加的仅几个人，那么就用一张桌子，可以随遇而安；倘若有几十人乃至几百人的大型茶话会，可选用一个堂厅，配用相应桌椅，团团围坐。在这里香茗是必备之物，还可以添加些鲜果、糕点和糖果。为营造会场气氛，有的也会布置一些四时鲜花。在较大型的茶话会上，有的也会配以轻音乐或小型的文艺节目助兴，以增添欢乐气氛。

施茶惠民

在中国民间，常见有施茶会，也称茶会，其实这是一种民间慈善组织，这种组织几乎遍及全国。施茶会的表现形式不一，在南方多以茶摊的形式呈现，在北方多以茶棚的形式呈现。但无论是何种表现形式，它的主旨都是施茶惠民，都是民间自发的善举。

施茶会一般由地方上乐善好施，或热心公益事业的人士自愿组织，共同出资，在过往行人较多的地方，或在大道半途，或在车船码头设立茶摊，建起茶棚，公推专人管理，烧水泡茶，供行人免费取饮，歇脚小憩。旧时，尤其在南方各地，在大道半途，还专门建有四面通风的凉亭，亭内设有石条凳，摆有茶摊，这是专供过往行人稍事休整之处。出资者的姓名及管理实施公约都会刻于石碑之上，明示大众。这种慈善活动，从古至今，在中国几乎随处可见。

除茶亭外，在中国不少地方还建有茶庵。茶庵大多建在大道旁，其实这是作为施茶或专供过往行人饮茶用的寺院。这类寺院以尼姑庵居多。暑日备茶，供路人歇脚解渴是茶庵的主要任务，性质与茶亭基本相同。浙江江山万福庵就是众多茶庵之一，在万福庵旁还竖立着一块茶会碑，记载的就是当地僧尼与民间集资施茶行善之事，这对研究中国江南民间茶与生活习俗有着重要的作用。万福庵茶会碑现保藏在江山市文物管理委员会内，供后人瞻仰。

旧时在中国，特别是江南一带，茶庵很多。据清乾隆《景宁县志·寺观》记载，仅浙江景宁全县至少有茶庵

四个，即"惠泉庵，县东梅庄路旁"；"顺济庵，一都大
顺口路旁"；"鲍义亭，一都蔡鲍岸路旁"；"福卢庵，
在三都七里坳"。明末清初著名诗人屈大均的《广东新
语》亦载："罗浮幽居洞北有茶庵，每岁春分前一日，采
茶者多寓此庵，其茶者受日阴阳，分味之高下，试以景泰
泉水，芳香勃发，是曰罗浮茶。景泰泉者，罗浮诸泉之
冠。淳中，有逍遥子为茶庵诗：'活水仍将活火煎，茶经
妙处莫虚传。陆颠所在闲题品，未试罗浮第一泉。'"

如今，这种助人为乐，设立免费茶摊，供过往行人
饮茶之事，在中国城乡依然较为普遍。一般以街道、乡
镇和村落为单位，由一些人自愿组成，出钱购器、烧茶
供饮，他们均不取钱，纯属乐善好施之举，参与者以闲
居的老年人居多。

赐茶寄情

中国人不但有客来敬茶的习惯，而且还有赐茶奉客
的做法。"有朋自远方来"，敬茶时，主人若发现客人
对茶情有独钟，只要家中藏的茶还有富余，定会分出部
分茶来当即赠给客人。或者是亲朋好友，常因远隔重
洋，关山阻挡，不能相聚共饮香茗，以为憾事，于是千
里寄新茶，以表怀念之情。这种情况，在古代宫廷中，
即表现为皇帝向大臣赐茶。据《苕溪渔隐丛话》载：早

在唐代时，长安的皇宫内，浙江长兴顾渚紫笋茶便会"每岁以清明日贡到，先荐宗庙，然后分赐近臣"。唐代时，皇帝以茶分赐臣僚的做法很多。这种风尚在民间则表现为亲朋之间相互馈赠茶叶。这可从唐代大诗人李白的《答族侄僧中孚赠玉泉仙人掌茶诗》中看得十分清楚："常闻玉泉山，山洞多乳窟。仙鼠如白鸦，倒悬清溪月。茗生此中石，玉泉流不歇。根柯洒芳津，采服润肌骨。丛老卷绿叶，枝枝相接连。曝成仙人掌，似拍洪崖肩。举世未见之，其名定谁传。宗英乃禅伯，投赠有佳篇。清镜烛无盐，顾惭西子妍。朝坐有馀兴，长吟播诸天。"李白品尝的玉泉山仙人掌茶是由玉泉寺僧加工制作、宗侄中孚所赠，从而勾起了李白的乡情与牵挂。

此外，唐代诗人白居易的"蜀茶寄到但惊新，渭水煎来始觉珍"，齐己的"灉湖唯上贡，何以惠平常"；宋代诗人王禹偁的"样标龙凤号题新，赐得还因作近臣"，梅尧臣的"啜之始觉君恩重，休作寻常一等夸"，黄庭坚的"因甘野夫食，聊寄法王家"，陆游的"平食何由到草莱，重奁初喜坼封开"；明代诗人谢应芳的"谁能遗我小团月？烟火肺肝令一洗"，徐渭的"小筐来石埭，太守尝池州"；清代大画家郑燮的"此中蔡（襄）丁（渭）天上贡，何期分赐野人家"等诗句，都充分表现了君臣、亲朋间千里赐茶、分享佳茗的喜慰之情。其实，这种上至君赐臣僚论赏，下及民间赠茶增友情，直至隔洋寄茶表乡思的风俗，时至今日，依然如故。赐茶这种形式，表达的是一种情谊，增进的是一种亲近感，以赐茶来寄情。

坐茶馆

中国人爱坐茶馆，不仅因为茶馆是休闲之地，还因为茶馆是重要的社交场所，甚至商家洽谈、民间论理、朋友约会等有不少也是在茶馆进行的。如今，茶馆已成为人们生活不可缺少的重要组成部分。

据查，在中国历史上，各地对茶馆的称谓不一，如茶楼、茶坊、茶肆、茶寮等，但现代人更多地称茶馆为茶艺馆。在这里，不说职业、不讲性别、不论长幼、不谈地位、不分你我他，都可以随进随出，可以广泛接触到各阶层人士；在这里，可以探听和传播消息，抨击和决断世事，并进行思想交流、感情联络和商品交易；在这里，可以品茗自乐、休闲生息和养精蓄力。所以，在茶馆三教九流都有，茶馆成了社会生活的一面镜子。其实，坐茶馆既是人们生活的需要，又符合中国人历来喜欢扎堆闲聊和"摆龙阵"的生活风习。

茶馆的形成是有一个过程的，《广陵耆老传》载：晋元帝（317～322年）时，有老姥，每旦独提一器茗，往市鬻之，市人竞买。表明晋时，在广陵（今江苏江都东北一带）已有在市上挑担卖茶水的风习。南北朝时，品茗清谈之风兴起，当时已出现茶寮，是专供人喝茶歇脚的，这种场所称得上是茶馆的雏形。而真正意义上的茶馆，文献中则始见于唐代封演的《封氏见闻记》："自邹、齐、沧、棣，渐至京邑城市，多开店铺，煎茶卖之，不问道俗，投钱取饮。"表明唐时，在许多城市已开设有煎茶卖茶的店铺。

宋代时，茶馆业开始繁荣兴盛，在北宋京城汴京（今开封），张择端所绘的《清明上河图》中，虹桥的右下部及对岸河边，茶铺一字排开，屋檐下方桌排列有序，许多饮茶者在席间喝茶闲谈。又据孟元老《东京梦华录》载，宋时除白天营业的茶馆外，还有供仕女们吃茶的夜市茶馆和人们进行交易的早市茶馆；在汴京更有从清晨到夜晚，全天经营的茶馆。至南宋时，据《都城纪胜》载，京城杭州的茶馆，不但形式多样，而且在"都人"大量流寓以后，较北宋汴京的茶馆更有排场，数量也更多了。南宋吴自牧《梦粱录》载，当时杭州"处处各有茶坊"。自宋室南渡后，杭州王公贵族、三教九流云集，为顺应社会的需要分别开设了供"富室弟子、诸司下直等人会聚"的高级茶楼，供"士大夫期朋约友会聚"的清雅茶肆，供"为奴打聚""诸行借工卖伎人会聚"的层次较低的"市头"，更有"楼上安著妓女"，

唐代煮茶示意图

唐代宫廷清明茶席

《品茶图》 唐·佚名

《点茶图》 宣化辽墓壁画

《撵茶图》 宋·刘松年

《玉川（卢仝）煎茶图》局部 明·丁云鹏

中国茶壶 清·康熙年间

《京华茶馆图》 清末民初民俗画

绘有茶叶种植场景的一对中国外销瓷盘
清·乾隆年间

澳门品茶邮票

庄晚芳先生所题写的中国茶德

楼下打唱卖茶的妓院、茶馆合一的"花茶坊"。总之，在杭州城内，各个层次的人都可以找到与自己地位相匹配的茶馆。

明代，茶馆又有进一步的发展。张岱《陶庵梦忆》写道："崇祯癸酉，有好事者开茶馆，泉实玉带，茶实兰雪，汤以旋煮，无老汤。器以时涤，无秽器。其火候、汤候亦时有天合之者。"表明明代茶馆对茶叶质量、泡茶用水、盛茶器具、煮茶火候都很讲究，以精湛的茶艺吸引顾客，使饮茶者流连忘返，从而使茶馆发展加快。据明代《杭州府志》记载：旬月之间开五十余所，今则大小茶坊八百所。与此同时，京城北京卖大碗茶兴起，并被列入三百六十行中。

清代，茶馆业更甚，遍及全国大小城镇。尤其是北京，随着八旗子弟的入关，他们饱食之余，无所事事，茶馆成了他们消遣时间的好去处。为此，清人杨咪作打油诗一首："胡不拉儿（指一种鸟）架手头，镶鞋薄底发如油。闲来无事茶棚坐，逢着人儿唤'牙丢'。"特别是在康乾盛世之际，"太平父老清闲惯，多在酒楼茶社中"，茶馆成了京城上至达官贵人，下及贩夫走卒的重要生活场所。茶馆在京城如此，其他城市也纷纷效仿。

在现当代中国，无论是城市，还是乡村或集镇，茶馆或茶艺馆更是随处可见。据粗略统计，全国茶（艺）馆至少在10万家以上，成为城乡生活的一道亮丽风景线和人民休闲的一个重要落脚点。

比试茶

中国人爱茶、懂茶，还喜欢比试茶，较量茶的品质优劣。这种比试，古代集中表现在斗茶上，如今更多的人称之为评比茶，其性质是一样的，是比试谁家的茶更胜一筹！

斗茶之法，流行于宋、元、明各代，特别是宋代，上至宫廷，下至民间，普遍盛行一种以战斗的姿态互相审评茶叶品质高低的活动。

据载，斗茶始于唐，它与唐代开始推行的贡茶制度有关，而入宋以后，斗茶之风更盛。宋太祖赵匡胤首先移贡焙于建州的建安（今福建省的建瓯一带）。据北宋蔡襄《茶录》载，宋时，朝野都以建安所产的建茶，特别是龙团凤饼茶为贵，并用金色丝绸口袋封装，作为向朝廷进贡的贡茶。由于进奉需要，用斗茶斗出的最佳名品，方能作为贡茶。所以说斗茶是在贡茶兴起后才出现的。为此，宋代唐庚写过一篇《斗茶记》："政和（宋徽宗年号）二年（1112年）三月壬戌，二三君子相与斗茶于寄傲斋，予为取龙塘水烹之，而第其品，以某为上，某次之。"并说："罪庚之余，上宽不诛，得与诸公从容谈笑，于此汲泉煮茗，取一时之适。"唐庚当时还是一个受贬黜的人，但他仍不忘参加斗茶，可见宋代斗茶之盛。

元代继宋人所好，斗茶之风不减。元代的赵孟𫖯仿画过一幅《斗茶图》，内容真实地反映宋时盛行，并已深入到民间的斗茶之风。

明代斗茶，虽然记载不多，但仍未消失，这可从明代大画家仇瑛绘的《松溪斗茶图》、明万历《斗茶图》中寻见行踪。只是从明代以后，斗茶已演变成为评审茶叶的一种技艺和评比名优茶的一种手段。

如今全国各地开展的名优茶评比，其实就是古代斗茶的变相演绎。时至今日，在民间生活中不仅有寻觅佳茗、珍藏绝品之风，而且仍保留有互评名茶、切磋技艺之习，可以说古风斗茶依旧。

客来敬茶与端茶送客

客来敬茶是中国人的待客礼俗。按中国人的生活习惯，凡有客进门，无须问话，不管客人是否需要，敬茶是必须的。这里客人饮与不饮无关紧要，它表示的是一种约定俗成的待客之道，表示的是一种主宾间的热情与亲近、文明与礼貌、友谊与欢迎。这一传统生活习俗，流传至今已有千年以上历史了。

　　早在晋代时，就有以茶待客之举。据《晋中兴书》载，当年吴兴太守陆纳就是以茶果招待卫将军谢安的。又据《晋书》载，桓温任扬州牧时，每逢请客宴会，招待用的是"七盘茶果"。唐代颜真卿"泛花邀坐客，代饮引清言"，宋代杜耒"寒夜客来茶当酒，竹炉汤沸火初红"，清代高鹗"晴窗分乳后，寒夜客来时"等诗句，都可以表明中国人民历来就有客来敬茶的礼俗。

　　客来敬茶时，还得注意是什么客，哪里来，怎么敬，选何茶。如果家中藏有几种珍稀名茶，主人还得一一向客人介绍这些名茶的产地和特色、由来和故事，任凭客人挑选。通过一一比较，引起客人对茶的兴趣与好感，从而增添主人与客人之间的亲近感。

　　至于泡茶用的器具，最好富有艺术性与文化性，即使不是珍贵之器，也一定要洗得干干净净。倘若污迹斑斑，则被视为是一种不文明、不礼貌的表现，是对客人的一种"不恭"。如果用的是一些珍稀或珍贵的器具，主人还得一边陪同客人饮茶，一边介绍这些器具的历史和渊源、制作和技艺、特点与价值，通过对茶器具的鉴赏，共同增进对茶文化的认识，使客来敬茶之礼进一步得到升华。

　　敬茶时，按中国人的礼节，要双手恭恭敬敬地举至胸前奉上，讲究一些的还会在饮茶杯下配上一个茶托或茶盘，然后轻轻道一声："请用茶！"这时客人就会微微向前移动一下，道一声"谢谢"。倘若用茶壶泡茶，而又得同时奉茶给几位客人时，那么茶壶与茶杯最好相互匹配，斟茶量宜少不宜多，否则无法一次完成，无形中会造成对客人的亲疏之分。如果茶壶与茶杯中的茶水搭配相宜，这叫"恰到好处"，说明主人茶艺不凡，又能引发客人的情兴，实在是两全其美之举。

如果在家中宴请宾客，除了迎客茶之外，还得在用餐后敬上一杯餐后茶。餐后茶一般以浓香甘洌的乌龙茶或普洱茶为上，目的在于去油腻、助消化，还可起到解酒的作用。如果在饭店和宾馆用餐，那么通常是餐前饮的茶，以清香型为主，餐后饮的茶，以浓香型为主。

由此可见，客来敬茶在兼显物质和文化的同时，更汇聚着一份情谊，蕴藏着一道礼仪，这些精神的"东西"是无价的。

客来敬茶是中国传统礼规，同时也有端茶送客之俗，这种习俗在古代更为常见。古时，当主人认为事情已经谈定或谈完以后，便会从容地端起茶杯请客人用茶，当客人饮上几口茶水后，主人便会很有礼貌地喊仆人送客。这时，主人便起身相送，客人也自觉告辞。这种不成文的约定免除了主人想结束谈话却又不便开口之虞。同样，也避免了客人想告辞，而又不好出口的尴尬局面。其典出自一个民间传说。在清代时，有一位新上任的县太爷，在炎热的夏天前去参拜巡抚大人。按照惯例，不应该带着扇子去拜见，但是这位县太爷却手持折扇，不告而入。巡抚一见此人如此不懂礼仪，便故意借着请县太爷脱帽解衣的时机，立马把茶端杯，意在送客。侍者见状便高喊："送客！送客！"这县太爷急忙拿起帽子和衣服退出门来，狼狈而回。此后，这便成了当时官场上最为盛行的一种风俗——端茶送客。

曲指谢恩

相传，清代乾隆皇帝在位时，国泰民安，五谷丰登。乾隆身为一国之君，曾六次巡幸江南，四次到杭州龙井茶区微服私访，兴致所至，还先后当场为西湖龙井茶作诗五首。据说有一次，乾隆为体察民情，再次乔装打扮成一个伙计，带上几个随从前去西湖龙井茶山暗访。但天公不作美，路遇大雨，只好为躲雨而到路边小店先用餐歇息。其时，店小二因忙于杂务而又不识这位"客官"的身份，便匆匆沏上一壶茶提与乾隆爷，要他为大家分茶，给其他人饮用。而此时，乾隆虽为皇帝至尊，但又不好暴露自己身份，于是便起身为随从们斟茶。此举却吓坏了众随从，皇帝给众奴才斟茶，那还了得！情急之下，奴才们急中生智，便以双指弯曲，表示"双腿下跪"，并不断击桌，表示"连连叩头谢罪"。此举后来传到民间，为民间广为模仿，当主人为来者沏茶时，客人往往弯曲双指，连连叩桌，以示对主人亲自为大家沏茶的一种恭敬之意。时至如今，人们在饮茶时，还能经常看到冲泡者向客人奉茶、续水时，客人会端坐桌前，用右手中指和食指双曲，缓慢而有节奏地叩打桌面，以示行礼之举。茶界将这一动作俗称为"叩桌行礼"，或叫"曲膝下跪"，它表达的是客人对主人的一种感恩之情。

以茶代酒

在中国民间，历来有以茶代酒之举，无论在饭席宴请，还是迎送叙旧，凡遇有酒量小，或不胜饮酒的宾客，总会用饮茶代替喝酒。据查，此典出自殷商时期，据《尚书·酒诰》记载，纣王为妖姬妲己所迷惑，饮酒无度，昏庸无道，百姓民不聊生。周武王灭纣后，为整治朝纲，严禁饮酒，百姓为感谢武王治国有方，南方巴蜀各地便挑选最好的茶进贡朝廷。如此一来，上至宫廷，下及百姓，纷纷效仿以茶代酒之举。以后，还涌现出不少以茶代酒的轶事。据《三国志·吴志》载：三国时代的吴国（222~280年）国君孙皓，他每次宴请时，坐客至少饮酒7升，虽不完全喝进嘴里，也都要斟上并亮盏示意。而孙皓手下有位博学多才、深为孙皓所器重的良才韦曜，酒量不过2升。孙皓对他优待，就暗中赐给韦曜茶水，用饮茶代替喝酒。这是因为茶自从被人发现利用以来，一直被视为是一种高尚圣洁的饮料。"茶圣"陆羽称茶能"精行俭德"。所以南宋诗人陆游在《试茶》诗中明确表示，若要在茶和酒之间做出选择，宁要茶而不要酒。

其实，以茶代酒，也是一种高雅之举。它不但无损礼节，反而有优待之意。所以，在中国此举随处可见。宋人杜耒诗曰："寒夜客来茶当酒，竹炉汤沸火初红。寻常一样窗前月，为有梅花便不同。"今人所言："以茶代酒，天长地久。"表达的是一个意思：茶与酒是可以"兼容并存"的。而在佛教界，提倡悟禅修行，一不喝酒，二不进点，三不打盹，唯准许饮茶。伊斯兰教规甚严，在严禁喝酒的同时，却提倡饮茶，并为茶的传播和推广做出贡献。

如今，以茶代酒这一廉洁、勤俭的好传统，虽已历经几千年，但一直长盛不衰。相信随着社会的发展，人们生活水平不断提高，以茶代酒之举将会变得更加稀松平常。

茶分三等

相传，浙江雁荡山是历史上佛教参禅的好去处。在东晋永和年间，这里有佛门弟子三百，终日香火不断，朝山进香施主常年不息。因当时雁荡山产茶不多，难以满足寺院用茶需要，要用上等好茶招待施主更是困难。为此，寺院只好采用因人施茶的办法应对需求。这种情况对香客施主又不便明言，因此只得用暗语传话寺院侍者，但凡有客人进得寺院，若是达官贵人、大施主，负责接待的和尚就喊："好茶、好茶！"于是端上来的就是一杯上等香茗；若是上等客人、小施主，就喊："用茶、用茶！"则端上来一杯上好的茶；若是普通香客，就喊："茶、茶！"端上来的只是一杯普通的大宗茶。在电视剧《宰相刘罗锅》中，就有一段刘罗锅刘墉与郑燮（郑板桥）的茶事叙述，这个故事的出处是郑板桥题词讥人。相传有一天，清代大书画家郑板桥去一寺院，求见方丈。寺庙僧人见来者衣衫俭朴，如同普通香客一般。于是双方见面略施小礼后，根据寺院俗规，就说了一声："坐。"又回头对旁边小和尚说："茶！"小和尚心领神会，随即送上一杯普通茶。坐下后双方一经交谈，方丈感到此人谈吐不凡，颇有学养，于是便引进厢房，说："请坐！"回头又对和尚说："敬茶！"这时小和尚送来一杯上好的香茗；而后，再经深入交谈，方知来者乃是大名鼎鼎的大书画家郑板桥，方丈随即请郑板桥到方丈室面谈，还连声说："请上坐！"并立即吩咐小和尚说："敬香茶！"于是小和尚连忙奉上一杯极品香茗。待要告别时，方丈一再恳求，请郑板桥为寺院题词留念。这时，郑板桥略加思索，随即挥毫写了一副对联：

上联是：坐，请坐，请上坐

下联是：茶，敬茶，敬香茶

方丈一看，满面羞愧，从此以后，这个寺院看客施茶的习惯也就改了。不过，这种习俗如今虽有淡化，但对一些特别尊敬的客人，或是好友久别重逢，小辈见长辈来到时，取出一些平时舍不得饮的极品茶，与其同享，也是有所见闻的，这同样是一种待客的礼遇。

浅茶满酒

饮茶有一种习俗，叫做"浅茶满酒"，认为斟茶宜浅，而敬酒需满，民间的说法是："茶满欺人，酒满敬人。"指的是在沏茶冲泡或续茶过程中，敬奉给茶人饮的茶，一般只将茶水冲泡到饮器的七八分满为止。这是因为茶水是用热开水冲泡的，主人泡好茶后马上奉给宾客，满满的一杯热茶，无法用双手端茶敬客，一旦茶汤晃出，又颇失礼仪。其次，人们品茶，通常采用的是热饮法，满满一杯热茶会烫伤嘴唇，使人无法饮茶，这会使宾客处于尴尬境地。第三，茶叶经热水冲泡后，总会或多或少地有部分叶片浮在水面上。人们饮头口茶时，常会用嘴吹几口气，使茶杯内漂浮在表面的叶片下沉。如果满满一杯热茶，一吹一推，岂不使茶汤洒落桌面上，又如何使得？而饮酒则不然，习惯于大口畅饮，显得更为豪爽，所以在民间有"劝酒"的做法。加之，通常饮酒不必加热，提倡的是温饮，即便加热，也是稍稍加温就可以了。因此，满碗喝酒，也不会伤口。所以说浅茶满酒，既是民间习俗，又符合饮茶喝酒的需求。

如今，在茶艺馆用茶，往往泡茶的容量是饮杯的七分满，俗称"七分茶、三分情"，这其实就是浅茶满酒的体现。而留下的三分空间，当作是主人对客人的情意。其实，这也是沏茶和品茶的需要，而在民间实践中则上升成为融洽主宾关系的一种礼仪。

老茶壶泡，嫩茶杯泡

在民间，有老茶壶泡和嫩茶杯泡之习，它的本意是较为粗老的茶叶，需用有盖的瓷茶壶或紫砂壶泡茶；而对一些细嫩的茶叶，则适用无盖的杯或碗冲泡。这是因为一些原料比较粗老的茶叶，相较于原料较为细嫩的茶叶而言，由于茶叶中的纤维素含量高，许多原本能溶解于水的物质，缩合成为难以溶解于水的不溶性物质，使茶汁不易在水中浸出。因此，泡茶用水既要有较高的水温，而且还需要加长冲泡时间，只有这样才能透香出味。而选用茶壶冲泡，因为保温性能好，所以热量不易散失。若用茶壶去冲泡较为细嫩的名优茶，因茶壶用水量大，水温不易下降，还会"焖熟"茶叶，使茶的汤色变深，叶底变黄，香气变钝，滋味失去鲜爽，结果产生"熟汤"味。在这种情况下，如果改用玻璃杯或瓷杯冲泡名优茶，既可使细嫩名优茶的风味得到应有的发挥，而且还可以欣赏到名优茶给人带来的愉悦视觉效果。

众所周知，对一些比较粗大的茶叶而言，诸如红绿茶中的大宗茶、白茶中的寿眉、黄茶中的黄大茶、特种茶中的乌龙茶，以及黑茶中的大多数品种，它们与细嫩名优茶，如西湖龙井、洞庭碧螺春、都匀毛尖、信阳毛尖、庐山云雾、黄山毛峰等相比，冲泡后外形显得粗大，无秀丽之感。茶姿展开后，也缺少观赏性，这些茶如果选用无盖的玻璃杯或瓷杯冲泡，会将粗老的茶形直观地显露在客人眼底，有失雅观，或者使人"厌食"，引不起品茶的情趣来。

由上可见，老茶壶泡，嫩茶杯泡，既是茶性对泡茶的要求，也是赏茶的需要，符合科学泡茶的道理。

摆碗示意

在西南、西北地区，当地饮茶多选用盖碗冲泡，俗称沏盖碗茶。由于盖碗茶具是由盖、碗、托三件组成的，所以用盖碗泡的茶，也称之为"三炮台"。品饮盖碗茶时，首先是用左手托住茶托，托上盛有沏茶的盖碗；而右手则用大拇指和食指夹住盖纽，中指抵住盖面，持盖后即可用盖里朝向鼻端，先闻盖面茶香，而后持盖在碗面的茶汤面上，由里向外撇几下，目的在于使漂浮着的茶叶下沉，同时也有均匀茶汤浓度的作用。至于托的作用，一是免除人手直接接触饮具，以免烫手；二是防止饮具与桌面直接接触，灼坏桌面；三是杯盏在手，如此饮茶显得更优雅、更有风度。

但品饮盖碗茶是有不少俗规的，特别是对盖、碗、托三部件的摆放不可随心所欲，是有讲究的：如在饮茶时，品饮者觉得茶汤温热适宜可口，则可将盖碗放回桌上，并将碗盖斜搁于碗口沿，它告诉侍者，茶汤温度适中，请放心便是。如果将碗盖斜搁于碗托一侧，它表明茶汤温度太高，侍者冲水时要降低些水温，得待茶汤降温后再饮。如果茶汤喝尽，还未见侍者来续水，则会将碗盖的纽向下，盖里朝天，告之侍者，我的茶碗里已经没有水了，请赶快给我续水。如果将盖碗的托、碗、盖三者分离，排成一行，它告诉侍者，或是茶不好，或是泡茶有问题，或是服务不周到，总之一句话，我有意见，请主管出来回话。所以，一个有一定服务经验的侍者，一旦看到盖、碗、托分离成三，就知道情况不妙，会赶快上前，听取意见，说明情况，表示歉意！

茶三酒四

茶三酒四表示品茶人不宜多，以二三人为宜，这样可以避免繁冗，以求清静；而喝酒则不然，与品茶相比人可以多一些，使气氛显得更加热烈，更加高涨。这是因为品茶追求的是幽雅，注重细品缓啜，慢慢体察；而喝酒追求的是豪放热烈，提倡在众目睽睽之下，大口吞下，要的是一醉方休的体验，这也是茶文化与酒文化的区别之一。明代陈继儒在《岩栖幽事》中说：品茶是"一人得神，二人得趣，三人得味，七八人是名施茶"。说明朋友相聚，品茶的人数是不宜多的。明人张源《茶录》也说："饮茶以客少为贵，客众则喧，喧则雅趣乏矣。独啜曰神（幽），二客曰胜，三四曰趣，五六曰泛，七八曰施。"说七八人聚在一起喝茶，喧杂乏味，人心涣散繁杂，更无静心品味，等同施茶一般。而喝酒就不一样，人多气氛显得更加热烈，猜拳行令，把壶劝酒，使喝酒的场面显得更加热闹非凡。

其次,茶与酒的属性不一样,因为茶性不宜广,能溶解于水的浸出物是有一定限度的,通常冲泡出来的一杯(碗)茶水,续水2~3次,茶味也就淡薄了。如果人多,一壶之茶,怎生了得?而喝酒则不然,只要酒缸中有酒,是不怕人多的。

凤凰三点头

凤凰三点头,这是民间俗语。其意是如同凤凰一般,向人点头示意,欢迎客人进门。如今,已将这种吉祥之举运用在茶艺之上,具体做法是:在沏茶冲泡时,往往采用两次冲泡法:第一次采用浸润法,当茶置入杯或碗后,用旋转法按逆时针方向冲水,用水量以浸润茶叶为度,通常约为容器的1/5。而后,再用手握茶杯(碗)轻轻摇动几下,目的在于使茶在杯(碗)中翻动,以浸润茶叶,使叶片慢慢舒展开来,这样既能使茶汁容易浸出,更快地溶解于水,又能使品茶者最大限度内闻到茶的真香。这一动作,在茶界称之为浸润泡。整个泡茶过程的时间,一般掌握在10秒左右。紧跟浸润泡后的第二次冲泡,运用的方法便是"凤凰三点头",即再次向杯(碗)内冲水时,将烧水壶由低向高连拉三次,犹如凤凰展翅,上下飞翔点头,使杯中的冲水量恰好至容器的七八分满为止。其实，在沏茶过程中，运用凤凰三点头法泡茶，目的有三：一是提升茶艺的美感，使品茗者能欣赏到茶艺的艺术性，增进饮茶欲望；二是使茶叶在杯中上下翻滚，使茶汁更易浸出；三是使浸出的茶汤上下、左右回旋，使整杯茶汤浓度均匀一致。不过，这个动作还蕴藏着一个重要的含义，那就是主人为迎接客人的到来，有向客人"三鞠躬"或"三点头"之意。如今，这个沏茶动作在茶界广加运用。如果主人穿着得体大方，风度有加，那么泡茶时，在运用"凤凰三点头"充分施展沏茶技艺的同时，既能融洽宾主双方的情感，还能收到以礼待客的效果。

恰到好处

恰到好处是泡茶待客时的一种吉祥象征，无形地融合在沏茶技艺之中。具体做法是沏茶选器时，需按照品茶人数，选择沏茶用的茶壶或茶罐，根据容量大小，配上相应数量的饮茶杯，从而使分茶时每次在沏茶器中泡好的茶不多不少，总能刚刚洒满对应的饮茶杯（容量通常为饮茶杯的七八分满）。其实恰到好处，既有喜庆吉祥之意，又是茶人精神的体现，它表达的意思是：人与人之间是平等的，一视同仁，没有你、我、他之分。

不过，在中国某些地区，诸如闽南与广东潮州、汕头一带，沏茶冲点（分茶时）用的泡茶器容水量有1~4杯之分，而根据宾客多少，泡茶时有意选用稍小的沏茶器泡茶。如三人品茶则选用两杯壶，四人品茶选用三杯壶，五人以上品茶选用四杯壶，使每次沏茶完毕时，总有一位或几位宾客轮空，其结果是每斟完一轮茶后，品茶者总会出现主人让客人、小辈敬长辈、同事间相互谦让的场面，从而使祥和、互敬的融洽气氛充满整个茶座，使"和""敬"的精神得到充分体现，这也是茶德和茶人精神的一种表现形式。

捂碗谢茶

在民间，大凡有客进门，无须问话，主人总会在起身迎客后，沏上一杯热气腾腾的茶，面带笑容地立马向客人奉上一杯热茶。在这里，茶对客人而言，饮与不饮无关紧要，它表示的是"欢迎"的意思。而当客人饮茶时，若茶杯中仅留下1/3茶汤时，主人就会起身有礼貌地为客人续水，表示的是友谊常在。通常当茶过三巡时，客人若不想再饮茶，或已经饮得差不多，或想起身告辞了，这时客人就会欠身右手平摊，手心向下，手背朝上，轻轻用手掌捂在茶杯（碗）之上，移动数下，它的本意是：谢谢你，请不用续水了！主人见此情景，不用言传，已经意会，就停止续水。用这种方式，既是示

意，又是感谢，它比用语言去挑明显得更有哲理，更富
人情味。这种做法在全国范围内，几乎随处都可见到。

亚洲：茶叶消费大洲，多彩饮茶风情

亚洲绝大部分地区位于北半球和东半球，在世界五大洲中，是面积最大、人口最多的一个洲。同时，这里还是茶树原产地的中心及周边区域，所以除个别国家由于气候和地理原因不能种茶外，大多数国家都种有茶叶。据统计，亚洲采摘茶园总面积和茶叶总产量均占到全世界的八成以上。

同时，亚洲又是全球茶叶消费量最大的一个洲，全洲48个国家和地区，无论是产茶国还是非产茶国，饮茶风气都很浓。只是由于亚洲地域广大，民族众多，又是世界性宗教基督教、佛教、伊斯兰教、印度教等的诞生地，以致形成众多的饮茶风尚。

为了便于认识，现按照地理方位，把亚洲分为若干地区，将各国的饮茶风情，特别是一些有代表性国家的饮茶风俗，介绍如下。

东北亚

东北亚，又称东亚，位于亚洲的东部，包括中国、朝鲜、韩国、蒙古和日本。依茶叶的消费量而言，依次是中国、日本、蒙古、韩国和朝鲜。由于这些国家都与茶树原产地中国相邻，所以饮茶历史都比较早，且受中国饮茶风情影响较大。在东北亚各国中，有关中国的饮茶风情，前面已有专门叙述；至于朝鲜的饮茶风情与韩国类同。所以，这里仅将日本、韩国和蒙古的饮茶风情，简要介绍如下。

日本：始于模仿，忠于创新

日本人饮茶，一般认为有史料可考的始于平安时代，自平安时代以后，日本饮茶风习日盛，其间虽有不断变革，却一直传承至今。

日本与中国隔海相望，自古以来都深受中国文化的熏陶，饮茶风情也不例外。日本人的饮茶习俗带着深刻的中国烙印，尤其是中国唐宋时期对日本饮茶风情形成的影响之大，不可估量。此外，日本饮茶的普及趋势有一个显著特点：就是自上而下，即从贵族阶层到平民阶层；自庙宇走向凡俗，即由僧侣逐渐将饮茶推广到世俗。日本人饮茶种类丰富，日本民众经常饮用的茶的种类有：玉露茶、煎茶、番茶、抹茶、焙茶、茎茶、粉末茶、罐装茶、非茶之茶等。

日本饮茶之风情，精彩在于始于模仿，忠于创新。出于对大唐盛世的仰慕，日本人饮茶处处学唐人，出于一个国家、一个民族的自尊，日本人逐渐脱胎于唐人的茶文化，又在饮茶中注入自己的审美与追求。

平安时代：平安时代以前，日本未必没有出现饮茶的现象，但明确以文字史料的形式记录下来的饮茶历史，则与这个时代的遣唐使空海大师密切相关。日本的这个时期，正是中国唐代，茶文化迎来的第一个鼎盛时期。作为遣唐使的空海入唐以后，往返于日本与长安（今陕西西安）西明寺和青龙寺之间，学习密宗佛法，同时不可避免地受到了唐代寺院饮茶习俗的熏陶。

空海回归故里日本后，将饮茶之风传入皇室。嵯峨天皇有诗《与海公饮茶送归山》："道俗相分经数年，今秋晤语亦良缘。香茶酌罢日云暮，稽首伤离望云烟。"无论这茶是空海请天皇吃的，还是天皇请空海吃茶，至少说明此时的日本已有以茶待客的习俗。

日本正史《日本后纪》又有："癸壬（弘仁六年四月，即815年），（嵯峨天皇）幸近江国滋贺韩崎，便过崇福寺。大僧都永忠、护命法师等率众僧奉迎于门外。皇帝降舆，升堂礼佛。更过梵释寺，停车赋诗，皇太弟及群臣奉和者众。大僧都永忠手自煎茶奉御，施御被，即御船泛湖，国寺奏风俗歌舞。"永忠和尚也曾是遣唐使中一员，把茶奉给天皇的行为，有意无意地推动了中国唐代的饮茶风气在日本的普及。嵯峨天皇此后下令在畿内及附近培植茶树。发展至今，京都府、静冈县、秋田县、冲绳县、新泻县等40多个府、县，已成为日本茶叶产地。

尽管如此，平安时代饮茶局限于方寸之间，饮茶行为发生的主体主要是僧侣和贵族阶层。

镰仓幕府时代：日本进入镰仓幕府时代时，中国正值宋代。此时日本新兴的武士阶层崛起，新事物的出现必然带来矛盾摩擦，因此日本民间陆陆续续向宋代吸收中国文化，以期缓解矛盾。在茶文化领域里，日本茶祖荣西做出了不可磨灭的贡献。荣西第一次到访中国天台山万年寺（1168年5月）时，曾向罗汉献茶；第二次（1197年）又从中国天台山带回了中国茶种；此后荣西专注地创作《吃茶养生记》，并成功地以源实朝将军为突破口，推广了《吃茶养生记》以及饮茶习俗。至此，日本饮茶已从僧侣和贵族普及至武士阶层。

为纪念荣西做出的贡献，日本至今仍然保留着宋代的"四头茶礼"。茶礼的大致流程为：主礼者上香；身着法袍的四位僧人持放置了抹茶粉的天目盏进场，向主宾鞠躬奉盏，合十退堂；再上堂，左手持净瓶、右手持茶筅为主宾点茶，此前仍需向主宾行鞠躬礼，合十退堂；主宾饮茶完毕，四僧上堂奉茶点，合十退堂；主宾品尝茶点；少顷，四僧收走盏盘，礼毕。

南北朝时代：镰仓幕府时代，武士阶层刚刚萌芽，到了南北朝时期，社会的混乱促使这个阶层迅速壮大。

此时武士阶层喜好奢侈华美的东西，这种审美也普遍存在于饮茶风习之中。例如此时的茶会，完全与现在的日本茶道迥异，茶会是喧闹的，这种"闹"不止是人来人往的热闹，也是陈设的热闹。来自中国的"唐物"越多，就仿佛茶会主人的地位越高。此时的茶会，茶反而成了陪衬，变得黯淡无光。

室町时代：有赖于东山文化的蓬勃发展，日本茶文化注入了更加艺术的元素，禅宗"侘"的审美意识与茶文化叠加，在村田珠光（1422~1502年）、武野绍鸥（1502~1555年）等人的努力下，侘茶逐渐成型。从饮茶器具上看，朴素的"珠光茶碗"取代了华美贵重的"唐物"；从饮茶场所看，四叠半的面积比之前减小不少；从饮茶环境看，清净冷寂代替了热闹喧嚣。本质上，饮茶从物质交流上升到了精神交流的境界。这些改革使饮茶成本下降，饮茶因此逐渐走向平民化。

战国时代：武士阶层一改之前的奢靡，欣然接受侘茶。一是侘茶成为贵族阶层主流，武士潜移默化接受主流文化；二是侘茶与佛教思想密切，对于朝不保夕、经常面对死亡的武士来说，侘茶既可以平复杀人后的罪恶感，又可以促使他们在战场上保持冷静的心态。

千利休（1522~1591年）作为继村田珠光、武野绍鸥后侘茶的集大成者，侍奉于丰臣秀吉左右。他们相互影响，茶道的价值在这一时期得到提升，大量的珍贵茶器与权力相挂钩，上位者对下位者的作为表示满意，便赐茶器以示嘉奖，这种情形下，茶器成为权力、荣耀的代名词。上行下效，茶道在不知不觉中迅速发展。

桃山时代：自丰成秀吉统一日本后，日本茶道也煊赫一时。1587年，丰臣秀吉发布文告：于10月1日至10日举行10天的大茶会。只要热爱茶道，无论武士、商人、农民百姓，只需携茶釜（茶具一种，煮水的壶）一只、水瓶一个、饮料一种，即可参加。没有茶，拿米粉糊代替也无妨。不必担心没有茶室，只需在松林中铺两三张榻榻米即可，没有榻榻米，用一般草席也可以，可以自由选择茶席的位置。除日本人外，爱好茶道的中国人也可出席。无论何人，只要光临秀吉的茶席，均可以喝到秀吉亲自点的茶。这便是历史上著名的北野大茶会。

而至今成为日本人日常生活中常见饮品的玄米茶、麦茶等，正是自北野大茶会后开始流行起来的。这两种饮品既可以热饮，也可作冷饮，是日本人夏日里的心头所好。至于玄米茶和麦茶的制作方式，也非常简单，只须将谷粒（大麦）稍加炒制，隐有焦香，然后加入茶叶（多以绿茶为主）和水，在锅中煮5分钟，观其色泽，近似琥珀即可。

江户幕府时代：日本吸取之前的教训，为防止"下克上"造成的动乱，逐渐将茶道与政治分割开来。由此，日本茶道上最后的一丝"外物"被剥落，成为较为单纯的艺术，茶道本身所具有的美好特质被不断挖掘出来，从而形成不同茶道流派。大名鼎鼎的"三千家"，由千宗旦（千利休为其外祖父）次子一翁宗守开创的武者小路千家，由三子江岑宗左开创的表千家，由四子仙叟宗室开创的里千家，就成型于这个时期。因茶道脱离了政治，学习茶道的门槛降低了，商人、城镇居民等在茶道艺术上打破了等级区划，茶道人口一时之间剧增。

昭和时代：这个时期是日本有史以来最开放的时期。深受欧美思想影响的日本，逐步解放女性，女性受教育程度大幅度提升，而茶道作为高雅文化，成为女性学习的重要课程。茶道修身养性，陶冶情操，学习茶道甚至是一种社会地位的象征。

平成时代：日本学者久松真一在《日本的文化使命与茶道》里写道："茶道是日本特有的一个综合文化体系。"茶道虽高雅，这种充满仪式感、肃穆感的艺术却无法成为人们生活中的常态。进入平成时代，学习茶道的热潮有所下降，日本人饮茶更生活化，追求方便快捷、功效。

例如，如今在日本的便利店、超市，各式各样的罐装茶水早已是司空见惯。乌龙茶、白茶、绿茶等罐装茶水均有销售。罐装茶水的主要消费者是日本的学生、白领等年轻群体，快节奏的生活状态使他们更欣赏快速方便的饮茶方式。

又比如，追求饮茶的实际功效，日本人饮薄玉茶、枇杷叶茶的风尚日渐。其实，这两种是非茶之茶。所谓薄玉茶，就是以老茶树芽叶（要求三十年以上树龄）为主料，添加少量中药材，按照一定比例加入沸水，制成后每日3次，据说对治疗糖尿病有一定疗效。《本草纲目》记载："枇杷叶，治肺胃之病，大都取其下气之功耳。气下则火降痰顺，而逆者不逆，呕者不呕，渴者不渴矣。"有鉴于此，日本人采摘枇杷叶洗净去毛后切细，放入保温瓶用沸水冲泡，待15分钟后，即可饮用。

其实，在生活节奏日益加快的今天，日本民俗往往只有在一些重要的特定场合，诸如重大节日、贵宾迎送、男女婚庆、好友相叙时，才会选用茶道相聚。

至于日本人日常生活中的饮茶，与中国人一样，也比较随意。

韩国：形式多样的茶礼

韩国位于东北亚朝鲜半岛南部，三面环海，北面隔着三八线与朝鲜南部相邻，历史上曾是中原王朝的藩属国。中国清代后期，清王朝因在甲午战争中战败，韩国才脱离与中原王朝的藩属关系，建立大韩帝国。1910年韩国又被日本吞并，直到第二次世界大战后，韩国才取得独立。由于历史原因，加之与中国和日本隔海相望，所以饮茶风俗深受中国和日本影响。

韩国饮茶约有1500年历史了，但早年饮茶以传统的非茶之茶为主，这种茶与中国古代饮的茶是不相同的。韩国的传统茶其实并没有真实的茶，而是一种广泛意义上的"茶"，或者说是非茶之茶，材料很多，几乎所有食物都可以入茶。如常见的五谷茶有大麦茶、小米茶、玉米茶、红豆茶、绿豆茶、豇豆茶等；药草茶有荷叶茶、五味子茶、桂皮茶、艾草茶、麦冬茶、百合茶、葛根茶等；水果茶有大枣茶、核桃茶、莲藕茶、青梅茶、柚子茶、柿子茶、橘皮茶、石榴茶等。不过，韩国人最热衷的是大麦茶，这可能与他们的饮食习惯有关。韩国饮食以米食、面食为主，辅以烧烤、泡菜等。这些食物往往会给肠胃带来过多负担，而大麦茶正好能对这些食物起到消解作用，有利于去油解腻，起到健胃助消化的作用。

如今，韩国人饮用各种五谷茶、药草茶、水果茶等，经过长时间的实践和应用，已有所改善和提高，在很多场合下不乏含有真实意义上的茶，或者也可称之为是一种调饮茶。

　　韩国人酷爱饮茶，所以早在千年前的唐代时，就从中国引进茶种发展茶叶生产，但由于地理位置以及气候等原因，至今仍然只有在济州岛和全罗南道才有茶树栽植和茶叶生产，无法满足本国需求，致使茶叶价格昂贵。在这种情况下，韩国人饮茶主要集中在中上层社会人士中间。尽管如此，自20世纪80年代，韩国的茶文化再度复兴，并为此专门成立了韩国茶道大学院，还在部分大学设有茶学系，教授大家茶文化。同时，在全国范围内，各种茶文化社会组织林立，群众参与度很高。

　　韩国人爱饮绿茶，大多崇尚清饮，平日在家中饮茶，喜欢选用简便易行的冲泡法。通常先用大壶泡茶，再用盏杯饮茶。但韩国人好客，特讲礼貌，因此在重要场合或嘉宾来访时，韩国的主妇们总会用茶礼待客，这是韩国茶文化的重要特征之一。

　　韩国素来有"礼仪之邦"之称，饮茶在家中讲礼节，在社会生活中同样如此。而且形式多样，如人到成年时，就要举行成人茶礼，对刚满20岁的少男、少女进行传统文化和礼仪教育。成人茶礼仪程是：与会者入场后，先由会长点烛，副会长献花；冠者（即成年）进场后先向父母致礼，后向宾客致礼；接着由司会致成年祝辞和献茶；成年者合掌致答辞，再拜父母；最后，父母致答礼毕。

又如高丽五行茶礼，其核心是祭祖茶的发现者、利用者神农氏。这是一种献茶仪式，是高丽茶礼中的功德祭。献茶进行时，先由德高望重的女性担任祭坛的祭主。茶礼进行时，祭主身着华贵套装，向众生宣读祭文；而后，祭奠行礼；最后，通常由十名五行茶礼行者向各位来宾送茶，并献茶食，其实是一种祭祖礼。

韩国茶礼的种类繁多，各具特色。如按茶的类型区分，又有末茶法、饼茶法、钱茶法、叶茶法之分。其中，又以叶茶法为最常见。进行时，大致可分为五个步骤。

迎宾：茶礼开始前，主人必先至大门前迎接宾客到来，在"欢迎光临"和"谢谢"声中引客入室。而此时的宾客，也通常会按年龄大小顺序进场。进得茶室后，主人大多站立于东南角，向来宾再次表示欢迎。一般主人会坐东面西，而客人往往是坐西面东。

温具：就是在沏茶前，主人会先折叠好茶巾，将它放置在茶具左边备用；然后，将烧水壶中的开水倾入茶壶，温壶预热；再将茶壶中的水分别注入饮杯，温杯后即将水弃之于盛水器中。

沏茶：主人打开沏茶壶盖，用茶匙将茶叶置于壶中，并根据不同的季节，采用不同的投茶法：一般春秋季用中投法，就是先放适量茶叶入沏泡器中，再冲上少量开水，让茶叶舒展后再加开水冲泡；夏季则用上投法，就是在沏泡器中先冲入开水，而后加上适量茶叶；冬季则用下投法，就是先向助泡器中投入适量茶叶，再加入开水沏泡。

分茶：将茶壶中沏泡好的茶汤缓缓注入杯碗中，茶水用量通常以六七分满为宜。

品尝：沏好茶后，主人以右手举杯托，左手把住手袖，恭敬地将茶一一奉至宾客面前；然后再回到自己的茶桌前，捧起茶杯，对宾客行注目礼，口中还会恭敬地说"请喝茶"，此时来宾定会答一声："谢谢！"这时宾主即会一起举杯品饮。而在品茗的同时，主人还会准备好各式糕饼、水果等，供来宾品尝。

总而言之，在韩国饮茶风情中，虽然饮茶种类繁多，方法有变，但无论如何变化，始终贯彻一个字，它就是"礼"。

蒙古：茶文化与乳文化完美结合

蒙古国位于亚洲中部的蒙古高原，除北面与俄罗斯接壤外，另外三面都与中国接壤。蒙古国大部分地区被大陆性温带草原气候所覆盖，是亚洲地区寒潮发源地之一。总体来说，除短暂夏天外的其他三个季节，气温都较低，年降水量较少，土壤贫瘠且有冻土层，如此恶劣的生态环境是蒙古国无法出产茶叶的主要原因，也是蒙古国人常年对饮茶有所需求的主要原因，可以说是"成也萧何，败也萧何"。蒙古国在历史上与中国有着深厚渊源，中国的内蒙古是蒙古族的不同分支。因此两者的饮茶风情有颇多相似之处。

蒙古族并非第一个将茶文化与乳文化融合的民族，但却是将两种文化完美结合，并传承至今的民族。奶茶作为两者结合的产物，至今依然风靡在蒙古高原之上。

蒙古人最早饮的是草木茶，芥子、金露梅、含羞草、芍药、红蒿草、枸杞、越橘等都可入茶。至蒙古人进入中原建立元朝时，继承了辽金以来的北方饮茶习俗，蒙古人本身所有的乳文化与茶文化仿佛找到了契合自己的另一半。元代皇室所饮的茶品里，既有元以前朝代所特有的中国茶，例如蜡茶、茗茶，也有融合了本民族游牧文化的茶乳制品。宫廷御医忽思慧在《饮膳正要》提到兰膏茶："兰香，玉磨末茶三匙头，面、酥油同搅成膏，沸汤点之。"将茶、面粉与牦牛油根据一定比例混合并搅拌均匀，制作成功后，兰膏茶呈现出乳白色，加工方法非常类似藏族的酥油茶。但与现代社会的酥油茶相比，似乎有较大的不同，关键在于元代所用"末茶"，与现在所用的各色茶砖加工工艺不同。

《准备茶叶的年轻女子》 MIKI SUIZAN 1952年

小笠原煎茶道

日本茶道"开山之祖"村田珠光旧居

《三个喝茶女子》 西川宗信 19世纪

《日本茶道器具》 柴田泽信

日本抹茶道器具

《五美图》 TEISAI HOKUBA 1840年

韩国茶礼

朝鲜茶碗 16世纪上半叶

韩国成套瓷茶器

菊花和波浪线装饰的朝鲜茶碗
17世纪上半叶

韩国茶圣草衣禅师

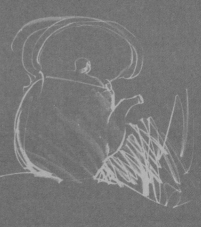

明代蒙古人退回蒙古高原，开始并未形成饮茶的习俗，但据《明史·食货志四》记载，万历五年（1577年），"俺答款塞，请开茶市"。阿拉坦汗皈依藏传佛教，为表诚心，决定送"不得茶，则困以病"的藏族人以所痴迷的茶叶，此后佛教僧侣遂逐渐将饮茶习惯带到了蒙古草原。但此时蒙古人喝的茶仍然不是现代社会的奶茶。清代蒙古被纳入清政府的版图，其时蒙古人获取茶叶较为便利，清代赵翼《曝杂记》中提到："每清晨，男、妇皆取乳，先熬茶熟，去其滓，倾乳而沸之，人各啜二碗，暮亦如此。"这便与现代社会蒙古奶茶别无两样了。蒙古国正式建国后，长久以来形成的风俗习惯并没有那么多改变。

时至今日，蒙古人一天的生活依然始于一杯奶茶。蒙古女主人一天里非常重要的一件事就是为一家人熬煮奶茶。清晨，女主人便点火生炉，烧沸一锅水，然后将茶叶捣成碎末，再倒入锅中熬煮（这些茶叶通常是来自中国湖北的青砖茶、四川藏茶等）。当茶叶煮出适合的浓淡后，滤去茶渣，再过几分钟加入牛奶和盐，有时也会加入黄油和面粉，不停搅拌至沸腾。搅拌是制作咸奶茶的关键，蒙古人认为搅拌次数越多，咸奶茶滋味越可口。他们将制作完成后的咸奶茶装入铜制的茶壶或暖水壶中，将每天第一杯茶供奉上天，然后遵循先老后幼的原则，给家里人斟茶。斟茶也有讲究，首先茶壶壶口不可以正对大门方向，其次斟茶的方向为从左往右，从上到下。

蒙古族是游牧民族，经常早出晚归进行放牧，三餐不定，而咸奶茶的出现很好地解决了这个问题。一天吃一次饭，喝两次茶是一种生活常态。他们在进行早餐时，用奶酪、牛羊肉、面点等为咸奶茶做配食。到了夏季，蒙古人甚至一天要喝三次茶，以补充流汗所蒸发的水分和营养。由此看来，奶茶在蒙古国日常生活里的重要性，非同一般。所以，蒙古国主妇是否能煮出一锅香浓可口的咸奶茶，是衡量一个主妇是否合格的重要标准。直至姑娘出嫁时，在婆家能否煮出一锅咸香可口的奶茶，也成了姑娘在家是否有教养的重要标志。

随着现代社会的进步，在蒙古国也出现了袋装茶，并且袋装茶种类也有越来越丰富的趋势。如今，还出现了在茶叶中加入酸果蔓、玫瑰果等配料的果味茶。这种新品种的袋装茶，如今特别受到越来越多蒙古青年人的喜爱。

东南亚

东南亚，又称南洋，位于亚洲东南部地区，包括越南、老挝、柬埔寨、缅甸、泰国、马来西亚、新加坡、印度尼西亚、菲律宾、文莱、东帝汶等国家和地区。地处亚洲与大洋洲、太平洋与印度洋的交接处，这种地理位置使东南亚气候湿热，具有赤道多雨气候和热带季风气候两种类型，适宜茶树种植，因此很多国家有茶树种植和茶叶生产。同时，东南亚地区又是世界外籍华人和华侨最集中的居住地区之一，所以饮茶风情带有鲜明的中国风情。

从16世纪起，东南亚诸国先后被葡萄牙、荷兰、英国和日本占领，直到第二次世界大战后才逐渐宣告独立，受此影响，东南亚各国的饮茶风情还带有欧式风尚。现选择几个具有独特饮茶风情的国家，简介如下。

新加坡：多元茶文化

新加坡位于亚洲东南部，毗邻马六甲海峡，是海上丝绸之路天然中转站和补给站。得天独厚的地理位置，使得新加坡命途多舛：1824年，新加坡成为英属殖民地；1942~1945年，日本占据新加坡四年；1963年，摆脱日本控制的新加坡加入马来西亚联邦，然而很快面临崩溃。直到1965年12月，新加坡才独立。与此同时，19世纪时的中国内忧外患，贫穷、饥饿、战乱使一部分中国人不得不背井离乡，流落南洋寻求发展，所以在新加坡的常住人口中，华人占有很大比例。英国、日本、马来西亚、中国等国在新加坡的历史轨迹，深深影响着新加坡的政治、经济、文化等多个方面，这在新加坡的饮茶风情中也表现得淋漓尽致。多民族饮茶风情碰撞的结果，使得新加坡的饮茶文化出现了多元化的景象。

新加坡人热衷美食，而华人又占据新加坡人口总数的70％以上，中国菜在新加坡各色菜系中占有重要地位。早期新加坡人喝茶，有一个显著特点：带有中国闽粤风情，饮茶以吃为主，新加坡肉骨茶就充分体现了这个特点。肉骨茶，福建话为Bak-Kut-The，最初中国的闽、粤、港、澳地区就有吃肉配茶的习俗，这便是新加坡肉骨茶的雏形。后来这些地区的先民迁徙至新加坡，初到新环境，难免水土不服。为了克服新加坡湿热气候带来的不适，以及高强度劳作带来的劳累和体虚，先民们取枸杞、党参、当归等药材炖汤饮用，滋补身体。后来发现补汤中加入猪骨滋味更加鲜美，于是这种汤便从药用转换成了食用，一发不可收地流行开来，并逐渐为富人阶级所接受。肉骨汤的原材料从早期单一的猪骨，逐渐演变成牛肉、羊肉、鸡肉等；肉骨汤的配料也不再局限于枸杞、党参、当归三种药材，各家都有自己的秘方。一碗热气腾腾的肉骨汤，虽然香气四溢，咸鲜可口，但美中不足的是多吃发腻，这时候一杯茶的存在就显得很有必要。于是，二者相遇，肉骨茶便应运而生，边吃肉骨，边饮茶，大有快活似神仙之感。至于吃肉骨茶选用的茶叶，通常以乌龙茶和普洱茶为主，但也有用六堡茶的。

另外，由于新加坡人受到英国下午茶风俗的影响，也流行喝下午茶。当英国人乐此不疲地寻求口感更醇正、香气更独特的红茶时，颇具吃货精神的新加坡人，将更多的精力投入到下午茶茶点之中。各色饭店、餐厅的下午茶茶点品种丰富、口感多样，从中国港式点心到印度煎蛋饼，从传统法式甜馅饼到法式与日式融合的塔塔吞拿鱼等一应俱全。与此同时，新加坡人对茶的品质要求反倒是轻视了。新加坡人的下午茶与英国人唯一相似的地方，恐怕在于两者对红奶茶的喜爱。两国的红奶茶做法也极为相似，红茶煮沸后滤去茶渣，加入适量牛奶、适量糖，搅拌均匀，这是最初级的红奶茶。也有根据个人口味不加牛奶，加入柠檬、蜂蜜的，称之为柠檬蜂蜜红茶。再有与红奶茶貌似而神不似的拉茶，除印度、马来西亚等国外，在新加坡也时有所见。

近些年来，随着新加坡经济的迅速发展，他们对饮茶功能的追求不再局限于解渴，开始寻求更高的精神享受，20世纪80年代中期以来，不但茶艺馆如雨后春笋在新加坡冒了出来，而且饮茶更加讲究技艺。

在新加坡，除了颇具中国特色的茶艺馆，也出现了现代化、国际化的茶叶品牌，最具代表性的是由摩洛哥人和美国人共同创办的TWG。TWG是一个年轻而充满野心的茶叶品牌，它将视野着落于世界，立志做最好的茶叶。TWG的品牌创始人，在过去的十几年里，足迹遍布世界各地茶区，狂热地寻找更多好茶，并致力于将这些好茶分享给顾客。TWG不仅是好茶的"搬运工"，也是好茶的创造者。它拥有欧洲顶级老牌茶厂的调茶师，拼配出更独特好喝的茶叶是这些调茶师的日常工作。在TWG的门店里，茶单上的茶叶有800多种。TWG的茶点也为人称道，最著名的是源自法国的马卡龙，经过TWG改良，每种马卡龙都拥有独特的滋味，轻易俘获茶客的视线，甚至打开了少女的心扉。在TWG点上一杯茶，配上一碟马卡龙，喝上一下午，时光就这么轻易地消逝过去了。

缅甸：浓厚"混搭风"

缅甸位于亚洲东南部，北部和东北部与中国云南和西藏接壤。缅甸除南面外，三面是山，来自印度洋的水汽很容易深入缅甸内地，而来自西北部的冷空气则被山地遮挡，所以大部分疆域属于热带季风气候，适宜茶树种植。种茶历史可追溯到千年左右，至于饮茶历史为时更早。因为地理环境和历史原因的影响，缅甸饮茶风情稍显驳杂，具有浓厚的"混搭风"，除保留有本民族特色外，还融合了中国、印度以及英国的饮茶风情。

据道光《普洱府志》载："车里（景洪）为缅甸、南掌（老挝）、逼罗（泰国）之贡道，商旅通焉。威远（景谷）宁洱产盐（指磨黑），思茅产茶，民之衣食资焉；客籍之商民于各属地或开垦田土，或通商贸易而流寓焉。"正是这条商贸古道上的茶马互市，将中国饮茶风情带向缅甸，因此在缅甸可以见到清饮红茶、绿茶、普洱茶、乌龙茶；而缅甸曾经爆发英缅战争，并因此沦为英属殖民地印度的一部分，这样的特殊历史，使得缅甸的饮茶风情中不乏英国与印度的印记，英国甜奶茶和印度拉茶在缅甸的风起，便是例证。此外，在缅甸民间，特别是在广大山区，还保留着许多缅甸本民族的饮茶风情和特色。

缅甸人饮茶大致可分为三类：甜茶、苦茶和酸辣茶。甜茶不必说，就是红茶中加入奶和糖，此乃英伦遗风。

苦茶，是缅甸的传统茶，当地称之为"叶内碱"，有较重苦味。在缅甸几乎家家户户都有一把保温茶壶，用来盛放"叶内碱"，一天喝三五次乃是常态。或许因为这种传统茶过于"草根"，所以在城市里上不得台面，但在茶馆、大排档、饭店里可以免费随饮。至于在城市的家庭里，也不用"叶内碱"待客，他们认为以此待客颇为失礼。但是在缅甸农村，情况截然不同，人们并不羞于用这种苦茶待客，因为它具有消暑解渴、补充体力的作用，是田间劳作时的好搭档。

酸辣茶，它是在中国云南少数民族食茶风俗影响下，根据缅甸人自己的饮食习惯加以改造后产生的一种风味茶。如在缅甸与中国接壤的景颇族、德昂族中，与中国一样有食腌茶、酸茶、凉拌茶习惯，它们多为酸辣口感，这与缅甸的食茶文化有异曲同工之妙。缅甸人称这种具有酸辣味的茶为"乐沛豆"，即凉拌茶，或者茶叶沙拉。这种酸辣茶叶沙拉常与花生、椰肉、蒜、虾仁、芝麻油、姜等层层叠放，经历时间的磨砺，发酵出独特的滋味，而各种配料量、发酵时间的掌握，每家每户不尽相同。发酵后的酸辣茶，既可直接食用，又可充作调料。如在番茄、蒜末、花生、米椒、蚕豆、卷心菜等蔬菜上浇上苦茶叶酱，搅拌均匀，就成为凉拌茶或者茶叶沙拉了。更有在茶叶沙拉中加入柠檬、辣椒、鱼露、盐、醋的，口味之重怕是不为外地游客所接受。但这道菜深受缅甸人喜爱，是餐桌上必不可少的佳肴。

　　缅甸茶馆犹如中国饭馆一般，在大街小巷随处可见。茶馆最显著的特征是低矮的茶桌和低矮的凳子。这种特征可能与东南亚地区长期席地而坐的习俗有关。这里的茶馆不只是喝茶的地方，也是一日三餐、休闲娱乐、处理大事的场所。缅甸人在茶馆喝茶、抽烟、嚼槟榔、聊天；在茶馆谈生意、谈公事；也在茶馆解决矛盾冲突，颇有几分中国吃讲茶的味道。然而，茶馆仿佛只属于缅甸的男人，除某些特殊情况外，茶馆里极少出现年轻女性；即便有，这些女性大都匆匆用完茶便离去了。这仿佛昭示着缅甸的饮茶风情多由男性主导。

　　缅甸人在婚嫁过程中，也有"以茶为媒"的风俗。如男女婚前自由恋爱阶段，缅甸崩龙族的青年男女会以茶传情。通常男方带着槟榔上门，将槟榔献给心爱的姑娘。女方一旦有意，则以苦茶回敬。当男女双方步入婚姻殿堂时，在婚礼上吃凉拌茶是不成文的规矩。

泰国：吃腌茶，饮冰茶

　　泰国是亚洲中南半岛中南部的一个国家，与中国、柬埔寨、马来西亚、缅甸、老挝等国家相邻。从地图上看，泰国疆域仿佛是大象头部，长长的"象鼻"深入印度洋和太平洋中间。其地属热带季风气候，全年气温在18℃以上，平均年降水量在1000毫米左右，自然环境适宜茶树种植，每年都有茶叶远销欧洲、美国以及中国台湾等国家和地区。

19世纪末，泰国为英法所左右，最终达成利益妥协，成为东南亚唯一的非殖民地国家。二战期间，泰国被日本占领后加入轴心国。因此，泰国的饮茶风俗与中、日、英、法等国家有相似之处，既有中日两国的清饮之法，喝绿茶、乌龙茶、普洱茶；又有英法两国的调饮之法，也爱喝红奶茶。而泰国所具有的独特茶俗则与其本身的自然环境有着密切关系，集中表现在泰国吃腌茶和饮冰茶的风情之中。

泰国腌茶：泰国北部与中国云南接壤，相似的地理环境，使得泰国北部地区的人民与中国云南一些少数民族有了相似的饮茶文化。泰国腌茶便是典型案例。据查，每年7月至9月是泰国的雨季，腌茶的制作就在这个时间段。这里的人民将采摘到的茶树鲜叶粗粗洗过一遍后沥干水分，随后取用一些竹匾，将沥干后的茶叶均匀地摊放在上面，使鲜叶自然地蒸发散失一部分水分，最后将茶叶轻轻揉搓后，加入辣椒和盐，搅拌均匀后塞入竹筒之中。但这时一定要注意，茶叶放置后必须用木棒或其他工具压紧实，并用竹叶封住竹筒口沿，经两三个月发酵，当茶叶色泽由绿转黄时，腌茶就可以食用了。也有不用竹筒而采用大缸腌制的，大缸一次性可制作的腌茶较多，但这不要紧，可以将多余的腌茶拿到市场上出售。

腌茶制好后，泰国人会将腌茶从竹筒内取出晾干，随后装进专门的瓦罐，留着自用或者招待客人。食用时，也可在腌茶里加入一些香油、蒜泥或者其他香料。可以说，腌茶是一道深受泰国人民喜爱的凉菜。

泰国北部地区吃腌茶的风俗，由来已久，且长盛不衰。一是因为其地气候湿润炎热，腌茶的制作普遍需要放入辣椒，而辣椒富含维生素C，能健胃、助消化，促进肠胃活动，改善食欲，并能抑制肠内异常发酵，排除消化道中积存的气体。适当吃些辣椒，对居住在潮湿环境的人而言，去除湿气，可以降低得风湿病的概率。二是众所周知，湿热环境不利于食物的保存，而腌茶含盐量较高，可保存利用的时间也就较长。三是从泰国人的感官体验出发，腌茶又凉又香，这种体验好比中国人夏天爱吃凉菜，泰国人常年吃腌茶便可以理解了。

泰国冰茶：泰国人饮冰茶也是饮茶风情的一大特色。制作冰茶的茶叶可以是绿茶、红茶、乌龙茶等等，但以绿茶制作冰茶为多，这与美国冰茶多用红茶制作是有区别的。制作时，泰国人先将要加入的水果切成丁，放入杯中，然后将冲泡好的绿茶经过滤后，将茶水倒入放置水果丁的杯子里，稍加搅拌，随之立刻放入冰块，茶汤温度就立刻降了下来，这时所谓的冰茶就算制好了。冰茶其实兼具了水果的酸甜口感和绿茶清新的香气。再如红茶，制作方法与绿茶相似，多选用浓鲜强烈、口感刺激的红茶品种，冲泡或者熬煮后，过滤茶渣，根据个人口味加入适量的牛奶、柠檬、糖、薄荷等搅拌均匀，最后照样加入冰块。对于常年处在高温状态下的泰国人来说，等待一杯热茶冷却到适宜温度是一件费时的事，而各种各样的冰茶则完美解决了这个问题，使他们在酷暑天里能享受舒爽而惬意的时光。

当然，这并不是说泰国人不喝热茶，当气温降低到20℃左右，泰国人也会喝上热腾腾的茶，又或者泰国人会以热茶待客，一杯热腾腾的红奶茶再添上一些菊花蜜，香喷喷、糯稠稠、甜滋滋，慰藉心田。

除此以外，泰国还有许多非茶之茶。2004年7月，泰国公共卫生部食品药品管理局（MOPH）就草本茶质量标准推出公告草案。根据该草案内容，泰国草本茶的定义是：由植物的某部分制成，未经（深）加工的产品，消费者用其加水烹煮或冲泡饮用。草案中提到的草本有香草、木菊、姜、红豆蔻、柠檬草、桑叶、罗汉果、红花、灵芝、绞股蓝等。近年来，又有泰国红茶菌保健茶向日本大批出口。由此可见，非茶之茶在泰国也占据一席之地。

越南：最爱莲花茶

越南位于东南亚中南半岛东部，毗邻中国、老挝、柬埔寨。越南国土都处在北回归线以南，北方受热带季风影响较大，因而四季分明；南方基本不受季风影响，分为旱季和雨季。但就总体而言，越南气候高温多雨，河网密布，因而水资源比较丰富。自然环境和气候条件宜茶树生长，所以，越南茶叶生产历史悠久，近百年来还陆续发现有野生古茶树生长。这些古茶树郁郁葱葱，有的甚至长到了两人合抱的程度。如今，越南已成为世界著名的产茶大国，而整个越南最负盛名的产茶大省是太原省，"太茶宣女"说的就是太原省的名茶，以及宣光省的佳人。

从历史角度讲，越南最早叫交趾国，越南北部地区长期是中国藩属国；19世纪中叶，越南脱离清政府统治的同时，沦为法国殖民地；二战时期，日本又占领过越南，但时间不长。有鉴于此，越南饮茶风情虽受法国和日本影响，但影响不及中国之深远。又因越南与中国广西接壤，所以饮茶氛围尤与广西相似。

越南人爱饮绿茶、花茶和红茶，并与中国人有着同

样的待客礼节 —— 客来敬茶。在多数越南人家里都备有至少一套茶具，大多为瓷质。饮茶时，他们偏爱用瓷壶泡茶，每每有客人登门拜访，便会使用家里的茶壶，泡上一壶茶，多数选用的是绿茶、红茶或花茶，出汤后往往将第一杯茶留着自己品饮，其后的几杯茶汤才依次奉给客人，这与其他国家客来敬茶的习俗有所不同。越南人认为壶中倾倒出的茶汤往往先淡后浓，如果将最淡的第一杯茶汤奉给客人，那是对客人的不尊和不敬。用香浓的茶汤待客才是尊贵的迎客礼节。

越南还有饮鲜茶的习惯，他们犹如传说中中国古代的神农尝百草，饮的是不经过任何加工处理的新鲜茶树嫩叶。这种饮茶习俗是否与中国古代的神话传说有关？不得而知。越南人对鲜茶的饮用方式有两种：泡茶和煮茶。若采用泡茶法泡茶，就是把从茶树上采摘下来的鲜叶切碎，然后放入陶壶或者铜壶中注入少量开水后，随即倒出注入的水（作用可能与洗茶有关），再重新注入开水，静待半小时后饮用，这就是鲜茶的泡茶法。至于采用煮茶法饮茶，就是先将水煮沸，再放入从茶树上采摘下来的鲜叶，煮到鲜叶在水中翻滚即可。

不过，越南人饮茶最钟情还是饮熏香花茶，得益于越南得天独厚的自然环境，这里热带植物资源丰富，百花齐放，使得越南的花茶久负盛名。有越南民谣称："芬芳不过茉莉花，斯文清雅不过长安（越南人把河内比作中国唐代的长安）人。"足见越南人对茉莉花茶的喜爱。茉莉花茶在越南是大宗茶叶，但对越南人来说，最宝贵的花茶当属莲花茶。越南人民认为，莲花品行高洁、优雅美丽，虽未得到官方承认，莲花在越南民间却享有国花的地位。此外，越南还生产玳玳花茶、玉兰花茶、米兰花茶、金银花茶等。玳玳花茶疏肝和胃，理气解郁；玉兰花茶利九窍，去头风，治鼻病；米兰花茶去除烦闷；金银花茶清热解毒、通经活络、护肤美容。但越南各类花茶与中国的花茶有所不同。以茉莉花茶为例，中国的茉莉花茶，绿茶为底，根据一定比例加入茉莉花，经过窨制工艺后去除大部分茉莉花，这样加工后的茉莉花茶看似普通绿茶，实则有馥郁的茉莉花香气。而越南的茉莉花茶，实则就是茶叶加茉莉花。最好选个晴天，将含苞待放的茉莉花采摘下来后晒干，密封装罐。喝茶时，只要取适量绿茶，再加入三五朵干茉莉花，热水冲泡，馥郁的香气一下子弥散开来，夹杂着绿茶的板栗香气和清新的茉莉花香，朵朵茉莉缓缓绽放在绿茶之上，可以说兼具品饮价值和观赏价值。至于其他各种花茶，也如上所述，都是茶与花分离，无须经窨制工艺，只是冲泡时将它们"合二为一"罢了。

此外，越南人还有钟爱饮苦瓜茶的风习。苦瓜茶的制作较为简单，首先摘取新鲜的苦瓜，洗净后去瓜瓤；其次，将绿茶填入苦瓜内；最后，将苦瓜连带绿茶一起烘焙干燥。苦瓜茶的饮用方法与绿茶基本相同，饮苦瓜茶也并没有想象中那么苦，但苦瓜茶强大的药用功效足以弥补口感上的不足。它对降低血糖有一定疗效，还能清热、解毒、利尿，这正是它流行于越南民间的重要原因。

马来西亚：街头拉茶"嘛嘛档"

马来西亚位于赤道附近，全境处于热带雨林气候和热带季风气候，使这里常年高温，没有四季之分，年均温度在20℃以上，且降雨丰富，从而为马来西亚茶业发展提供了良好的自然条件。马来西亚茶叶种植和饮茶历史形成的最重要原因，是中英茶叶贸易对马来西亚锡的需求。这是因为锡具有良好的密封性，用锡做成的容器是贮存茶叶的最好材料之一。开采锡矿使得华人和印度人不断涌入马来西亚，从而带来了马来西亚和中英饮茶文化的交融。

19世纪末，英国人将红茶带入马来西亚；20世纪20年代，福建、广东的华人矿工将茶籽种植在马来西亚土地上，可以说锡矿所在之处，就是茶籽生根发芽之处；而差不多同时，印度人将风靡印度的拉茶带到了这里。因为马来西亚以伊斯兰教为国教，伊斯兰教的教义反对饮酒，茶叶一经推广便迅速深入马来西亚市场。马来西亚人既如英国人一样，有饮下午茶的习惯；又如印度人一样，爱喝拉茶；也如华人一样，推崇清饮乌龙茶、普洱茶、绿茶等。

在马来西亚金马崙高地上，坐落着马来西亚最古老的茶园。最开始英国人在这里种植红茶，并定居于此，每天享受高原凉爽的气候和悠闲的下午茶生活。在享受午后红茶的同时，不忘配上淋着当地野生草莓酱的烤饼。马来西亚茶叶种植规模不断扩大，涌现出一批著名茶园。其中最有名的茶园是宝乐茶园（BOH），制作的是经典英式风味的红茶，也制作富含浓郁马来西亚特色的红茶，这些红茶兼具了香料味、水果味和很容易让人忽略的辣味，很受当地人和游客的喜爱。马来西亚人早餐、中餐、晚餐以及夜宵都爱喝这种红茶。因此，可以轻松在马来西亚的超市找到红茶的身影，最畅销的三个品牌分别是：Sabah Tea（沙巴）、Lipton（立顿）和BOH。它们多为袋泡茶，也有零星散茶出口，只是袋泡茶价格往往高于散装红茶。

如今，马来西亚最流行的是拉茶。拉茶始于印度，盛于马来西亚。拉茶的独特风味征服了几乎所有马来西亚人。在马来西亚街头，零星散落着大大小小的茶摊，这些茶摊多数由印裔伊斯兰教徒经营，他们售卖拉茶和各色印度风味小吃，包括印度面包、印度炒饭、印度糕点、印度炒面等。当地人称呼这些茶摊为"嘛嘛档"或者"玛玛档"，往来的行人往往被浓郁的茶香和小吃的香气吸引，驻足享受味觉盛宴。"嘛嘛档"的马来西亚拉茶虽由印裔售卖，却已经和印度拉茶有了一些区别。马来西亚拉茶选取马来西亚红茶、荷兰进口奶粉和肉桂粉，将三者按一定比例冲调后，倒入一个带柄的不锈钢罐子，罐子大约有一升的容量。另一只手持相同的不锈钢空罐子，两者反复倾倒，两手距离一米左右，倾倒过程持续七次以上，其间罐子里的液体如同一道棕黄色的水线，接连不断，惊险刺激。可以说拉茶的制作技艺除了茶、乳、肉桂粉的比例外，最重要的当属"拉"的过程，这是三者完美融合的过程，是拉茶浓厚醇香、泡沫细腻丰富、口感爽滑的秘诀。一杯香浓的拉茶配上一份别具特色的印度点心，足以满足马来西亚人对早餐或夜宵的需求。

马来西亚人对拉茶的热爱不只体现在街头风情，他们还将拉茶的制作上升到艺术层面。在马来西亚各地，经常举行拉茶比赛，在全国选出"拉茶大王"，比赛过程竞争激烈，颇具可看性；又有一些文艺演出的场合，马来西亚人在拉茶过程中融入适宜的舞步和肢体动作，轻歌曼舞中制作出拉茶，这就更有艺术特色了。

马来西亚华裔很多，主要来自广东、福建一带，他们将家乡饮茶风情带到马来西亚，并将浓厚的思乡情怀寄托在茶上，陆陆续续在马来西亚开起了茶艺馆。这些茶艺馆与中国的类似，提供茶水、饮茶空间。紫藤是马来西亚第一家不仅规划古典精致，还深入挖掘饮茶价值，长期举办和策划各种类型展览、文学和表演艺术活动，具有现代特色的茶艺馆。如今，越来越多的马来西亚茶艺馆开辟了新的业务，将茶叶、茶器、茶食、茶音乐、茶书、茶文艺表演等纳入经营范围。这些马来西亚的茶艺馆因其丰富的经营项目、优雅安静的空间环境，吸引着越来越多的年轻人走入茶艺馆，感受饮茶文化。

东南亚其他国家

东南亚其他国家都有饮茶的风俗习惯，由于这里是东西方文化的交流之地，加之受本民族文化的影响，多种文化相互交融，使饮茶文化异彩缤纷。下面，再略举数例，以飨读者。

（1）印度尼西亚：印度尼西亚横跨赤道，由许多岛屿组成，号称"千岛之国"。这里常年高温，降水丰富，是典型的热带雨林气候。在东南亚的几个国家里，印度尼西亚是较为知名的茶叶生产国和茶叶出口国。2016年，印度尼西亚生产茶叶共计14.4万吨，出口茶叶5.2万吨。出口的国家几乎分布五大洲，但集中于欧美国家。

印度尼亚西主要生产红茶，包括传统红茶和CTC红茶，但当意识到绿茶在国际市场上的巨大潜力后，印度尼西亚于1988年引进技术开始生产绿茶。因此，印度尼西亚人不仅饮用红茶，也有一部分人饮用绿茶。当然，可能是先入为主，印度尼西亚人似乎更偏爱红茶。印度尼西亚人的饮茶风情紧紧围绕红茶而展开，可见他们对红茶的喜爱。

印度尼西亚人爱喝凉茶，凉茶又称"冰茶"，是当地人饭后必不可少的消遣。尤其是午餐，对于印度尼西亚人而言，是一天中最重要的一餐，除了丰盛的食物以外，饭后一杯凉茶也是午餐的重要环节。这是长久形成的一项全民族习惯，是一种生活里的仪式感。凉茶的原料多选用红茶，将红茶煮沸或者冲泡，过滤茶渣后，加入糖和其他调味品，经冷却后放入冰箱冷藏，这与美国人饮的凉茶是相一致的。它不只满足午饭后一杯茶的需求，也可以随时取用，以便解渴、消暑、补充营养。

此外，印度尼西亚的热带海岛风情别具特色，由此吸引了一批国外游客。沙滩是本地人和外地游客消磨时间、观赏海景的最好去处，荷兰人的下午茶风情为印度尼西亚的海滩增添了一抹闲适。一只透明玻璃壶装满红艳艳的茶汤，倒入客人玻璃杯里的红茶浓淡，则可根据客人个人口味不同，用白开水调节。热辣的海岛风情与风情万种的红茶相得益彰，给沙滩上的人们带来极致的感官体验。

（2）柬埔寨：柬埔寨旧称高棉，是一个拥有悠久历史的古老国家。热带季风气候影响下，柬埔寨年平均温度在24℃以上；东北西三面环山，南面平原临海，使海洋水汽深入腹地，降水量充沛。柬埔寨是各类热带动植物的天堂。它与泰国、老挝、越南毗邻，风土人情类似，饮茶风情也是如此，例如柬埔寨人爱喝玳玳花茶、茉莉花茶等，却也颇具自己的特色。另外，柬埔寨的饮茶器具也很有特色，除普通用的瓷器茶具外，还有一种类似直桶形的工艺茶壶，质地各异，有金属镶嵌，做工精细，堪称一绝。

旧时柬埔寨女人的一生，与茶的关系可谓相当密切。六岁时，女孩子的家人将邀请和尚为自己的孩子举办"镇坦"（音译）仪式。这个仪式类似成人礼，意味着女子可以出嫁。女孩子的家人需烧茶摆酒招待客人，而客人也当带上茶、水果、鲜花等表示祝福。柬埔寨的女子十六岁之前几乎都嫁了出去，甚至已经完成了成为一个母亲的使命。女子出嫁后，烧茶也是非常重要的日常家务之一。她们往往烧上一大桶茶水，摆放在家门口，供往来的人自取。而柬埔寨最大的淡水湖洞里萨湖上，则有丈夫驾驶船只飞速游走在游客的船只附近，而妻子拎着一大袋子瓶装的茶水，在不同游客船只之间往来跃动，兜售茶水糊口的情况。由此可见，茶在柬埔寨人民心目中的地位和作用。

柬埔寨是昆虫的乐园，昆虫数量多、种类丰富。因此，柬埔寨人的茶点就显得与众不同了。他们乐此不彼地捕捉蜘蛛、甲虫、蜂蛹、蚱蜢，油炸后配上茶水食用。油炸昆虫虽然可怖，但味道着实令人称道，然而多吃颇为上火，这时候，茶水清热降火的功效便显现出来了。

南亚

南亚位于亚洲南部地区，包括斯里兰卡、马尔代夫、巴基斯坦、印度、孟加拉国、尼泊尔、不丹等国家。这里属热带季风气候，一年分热季（3~5月）、雨季（6~10月）和凉季（11月~次年2月）三季，全年气温高，但各地降水量相差较大。由于这里邻近茶树原产地中心区域，所以南亚国家都有茶园种植和茶叶生产，且饮茶历史悠久、氛围很浓。

另外，历史上自1757年以来，除高山之国尼泊尔保持了一定程度的独立外，南亚其他国家均沦为英国的殖民地，所以饮茶带有明显的英国风情。如此一来，使南亚各国的饮茶风情变得更加丰富多彩。现将南亚地区有代表性的饮茶国家，分别简介如下。

巴基斯坦：红茶加奶，调味烹煮

巴基斯坦地处南亚次大陆西北部，东与印度接壤，东北与中国为邻，西同伊朗、阿富汗交界，南临阿拉伯海，大部分地区处于亚热带地区，年降雨量不到250毫米，气候炎热干燥。加之，巴基斯坦多数人信奉伊斯兰教，餐饮以牛羊肉，以及面食、乳制品为主，蔬菜和瓜果较少。严格的教规明令禁止饮酒，长期以来，他们以茶代酒，餐厅里一般都配有茶水。在巴基斯坦，茶是日常生活中不可缺少的一部分，需求量很大。为此，1982年4月，中国茶叶专家应巴基斯坦政府邀请，通过实地调查考察，在西北部曼赛拉（Masehra）地区试种茶树成功。如今，已有本国茶叶生产，但远不够当地人消费需要，饮茶依然需要依靠大量进口。

巴基斯坦与中国一样，也有客来敬茶的习惯，如有朋友到访，他们习惯烹煮红茶来招待宾客，并佐以一些简单的点心，一边饮茶尝点，一边交谈。在政府机关，还专门配有侍茶师，用来为各部门工作人员和接待来客品茶尝点服务。

　　巴基斯坦人习惯饮红茶，还习惯每天多次饮茶，有些人甚至每天早起，顶着蒙眬的睡眼就开始点火煮茶。历史上巴基斯坦原为英属印度的一部分，在殖民时期，英国人把饮茶习惯传入此地，因此巴基斯坦的饮茶方式中还保留着较多英式红茶的痕迹，并且喜用煮饮的方式，又浓又多，然后在茶中添加牛奶和糖来调味。

　　在巴基斯坦一些街头巷尾，也可以随时发现有侍茶人当街煮茶和卖茶送茶，专供来往的行人和当地的住户随时品饮，类似于中国的奶茶店。他们娴熟地煮着奶茶，舀奶、添茶、搅拌、过滤，一气呵成，技艺高超。

　　巴基斯坦的饮茶方式多样，最常见的就是红茶加奶的煮饮。他们一般先在专门的煮茶铝壶中将水煮开，然后加入两勺红茶以及适量的牛奶，待再次煮沸茶水后，按各人喜好加糖调味。当糖与奶茶充分混合后，再将茶水用滤网过滤后倒入杯中，一杯香浓可口的奶茶就完成了。也有一些巴基斯坦人爱在茶水中添加黄绿色的小豆蔻，以增加口感的丰富性，这种茶当地人把它叫做玛萨拉茶。另外，在一些乡村地区，有些还会在煮茶过程中添入姜、八角、茴香、肉桂等作为佐料的。这与中国唐代茶圣陆羽《茶经·六之饮》中描述的"或用葱、姜、枣、橘皮、茱萸、薄荷之属煮之百沸，或扬令滑，或煮去沫"，有异曲同工之处。

巴基斯坦人饮茶除了大多数采用烹煮法外，在机关、商店以及部分家庭中也有采用冲泡方式饮茶的。他们将红茶（少数也有用绿茶的）直接放入马克杯中，加热水冲饮，不过他们在滤去茶叶的同时，总喜欢添加适量的糖，或蜂蜜、柠檬来调味，用以改善茶汤的滋味。

巴基斯坦饮绿茶的地区主要集中在西北高地一带，他们品饮绿茶时，有的也用煮饮的方式，和煮饮牛奶红茶类似。

不过，巴基斯坦人饮茶还有一个与其他国家不同的习惯，就是当地人奉茶、敬茶时，绝不用左手递送，他们认为这是不文明的，在他们看来左手是肮脏的，是用来洗澡和上厕所的。

巴基斯坦人饮牛奶红茶使用的茶具较有特色，茶具分类清晰，各有各的用途。当地茶具大多是用铝或者陶制成的，整套茶具除了有烧水的水壶、泡茶的茶壶、饮茶的茶杯之外，还备有滤茶渣的过滤器、盛糖的糖罐、贮茶的茶筒、盛奶的奶杯、搅拌用的小茶勺等。他们饮牛奶红茶用的茶杯，通常有一个杯托，将饮杯放在托上，认为这样不会烫坏桌面。端着杯托饮茶，有温文尔雅之感。

此外，巴基斯坦也有不少雕刻精美的金属茶具，茶壶、茶杯、奶杯、糖罐等配套一应俱全。

总之，茶早已深深根植于巴基斯坦人民的日常生活之中。饮食结构需要茶来消食解腻，生活方式需要茶来增添色彩，人际交流更是需要茶来拉近彼此的距离。在巴基斯坦，庞大的人口规模加上快速的茶叶消费模式，带来巨大的茶叶消费量；而本土茶叶的稀缺，又导致巴基斯坦茶叶的需求量远远超过人们的想象。

印度：风味独特的"马萨拉茶"

印度地处南亚次大陆，也是南亚次大陆最大的国家，领土从喜马拉雅山南麓延伸至印度洋，从北至南，大致有山岳、平原、高原等几种地形。全境气候炎热，大部分地区属热带季风气候，水热充足，土地肥沃，适宜茶树栽培种植。

印度的种茶始于18世纪，来自中国的茶籽被种植于加尔各答的皇家种植园，但并未引起印度人的重视。直到19世纪30年代，在英国人的主导和推动下，印度茶叶种植迅速发展。英国人对茶叶推崇备至。最初，英国国内的茶叶是从荷兰转运去的，当英国茶叶需求量越来越大时，不得不在17世纪初，直接与中国开始了茶叶贸易。但中英茶叶贸易的结果，使英国大量白银流入中国。为此，英国人认为掌握茶叶种植技术，并大面积在印度种植茶树，无疑是打破这种局面的最好方法。至19世纪中期时，印度茶叶在英国人扶植下不但获得试种成功，而且开始兴盛，发展势头迅猛。1886年，印度已有茶园12.07万公顷，茶叶产量达3.74万吨；1910年，印度全国有茶园22.81万顷，茶叶产量达11.96万吨，茶叶出口量达8.72万吨，首次超过中国茶叶出口量（8.37万吨）。在这一过程中，英国人不仅圈定了印度这块肥沃的土地进行茶叶种植，而且从中国聘请技术人员，指导印度人种茶；加之政策上的倾斜，使印度茶叶的对外贸易迅速取代中国地位。截至2016年，印度茶叶年产量名列世界第二，已成为名副其实的茶叶生产大国。

相比于印度的茶叶生产，其饮茶历史更早一些，但饮茶面不广。英国人乔治·瓦特在1898年这样写道："在过去的30年里，印度在产茶、出口茶方面打败了中国，但是印度本国人却对茶的价值和饮茶没有丝毫的概念。"其时，他们传统的饮料主要是水，或者是煮过的牛奶。

20世纪开始，印度茶叶开始出现供大于求的状况，而欧美茶叶市场也渐趋饱和。印度茶叶委员会迫于无奈将视线放到了印度国内市场。在开始的十几年里，印度饮茶推广并不顺利。虽然他们雇佣了很多茶叶推销员，到印度街上、印度人家里推广饮茶；向杂货店、食品店老板游说，劝说进行茶叶售卖；设立茶亭，供应热茶；甚至免费提供茶叶。这些措施并没有提起印度人对饮茶的兴趣。在这段时间内，唯一有效的措施是在铁路叫卖："热茶！热茶！"英国人在印度修建铁路期间，使饮茶意外地受到了铁路沿线的工人、旅客的喜爱。

第一次世界大战和第二次世界大战是饮茶习惯在印度普及的重要节点。一战时期，印度工厂是欧洲战场的大后方，为军队提供军需，这种情况下，茶叶委员会和工厂方面一拍即合，为工人在休息期间提供热茶，久而久之，饮茶代表着休息、交友等轻松愉悦的体验，由这些工人将饮茶的习惯带到各自的家庭，饮茶由此得到一定范围的普及。二战时期，印度参战。印度茶叶委员会让茶车与军队一同上战场，军队停战驻扎时，茶车既提供热茶，播放印度音乐，也是临时的邮局。饮茶成为军人的一种物质享受和精神寄托。到20世纪40年代末，饮茶之风席卷印度。现在的印度既是茶叶生产大国，又是茶叶消费大国。

印度人普遍饮茶的历史虽然并不久远，但在特殊历史的大环境里，他们的饮茶风情具有鲜明的特点：一是受英国饮茶风俗潜移默化的影响，印度饮茶风情不可避免地带有英国的文化烙印。印度人以喝调饮红茶为主，清茶为辅。最大众的调饮茶是牛奶红茶，这一点与英国人的喜好不谋而合；而印度人喝的清茶，则以品质较高的大吉岭红茶为主，只有少数人清饮绿茶。二是印度本民族文化不知不觉渗透进饮茶风情中，两者融合产生了独特的化学反应，从而形成了独一无二的印度饮茶风情，这就是喜欢在红奶茶里加入各色香料。而最受欢迎的香料是豆蔻，另外，还有生姜、丁香、肉桂、茴香等等。放多少香料，如何放香料，不同的家庭有不同的制作配方。这种茶因为制作方式千变万化，统称为印度香料茶，又称"马萨拉茶"，滋味醇厚，香气辛辣，风味独特。有部分地区特立独行，以绿茶替代红茶，并在绿茶中加入杏仁，如在喀什米尔地区。也有在绿茶里加盐，如在博帕尔等中部城市。

在印度大街小巷，直到农村，到处分布着茶馆、茶摊，大多有拉茶出售。在印度阿禾姆达巴城，有个奇特的"幸运茶室"，四周布置有围着栅栏的棺材。茶客与棺材共处一室，享受喝茶乐趣，这在外地人看来是个奇怪事，也不敢轻易尝试。但当地人认为，"幸运茶室"再普通不过，它可以使人在一杯茶中间感悟生死，思考人生，领悟死亡的意义。在印度也有流动性很大的茶贩，他们提着装满拉茶的茶壶，用四溢的茶香吸引着往来的行人。拉茶的制作充满了艺术欣赏价值，通常选择红奶茶或香料茶为原料，在两个金属容器中，进行多次反复的倾倒，拉出长长的乳白色弧线，连而不断。不过，当地人认为拉茶的制作需要注意几个问题：首先，无论是红奶茶还是香料茶，选择的牛奶必须是全脂牛奶，如此才能融合茶和香料的味道，并使之层次分明。其次，拉茶倾倒的过程至少持续七次，这样才能使食材完美融合，口感更顺滑绵密。另外，印度人还习惯在喝拉茶的时候配上茶点。搭配拉茶的点心有许多种，多以油炸食品为主：包着辣土豆和豌豆油炸的萨莫萨炸饺；用大米或扁豆粉做的脆脆的姆鲁谷饼；用白面包夹着黄瓜、洋葱，加玛莎拉粉或者番茄酱的小三明治；类似奥利奥，可以泡着吃的长方形甜味饼干。印度这些茶点可以说与中国清淡为主的茶点天差地别，口感多辛辣，体现了印度饮食文化的特点。

　　印度人的饮茶方式，既有英国饮茶特色，又有本民族文化特色。在印度，许多机关单位和工厂设立有茶亭和小卖部，免费提供茶水，专门规定在下午四点左右为茶休（歇）时间，用于员工喝茶小憩，既提高工作效率，又创造良好的交流氛围。在印度偏远乡村，则仍保留着印度传统的饮茶方式。新鲜出炉的茶饮，将被倾倒在茶盘上，然后用舌舔的方式饮茶，俗称"舔茶"，这种饮茶方式或与印度炎热的气候有关。

印度人也有客来敬茶风俗，凡有客至，主人就会奉上一杯香甜的红奶茶与诸多茶点。按当地习惯，主人从取茶、煮茶到奉茶的一应操作皆用右手，左手不可碰茶与茶具。他们习惯于用左手如厕和洗澡，而右手是用来吃饭和递食物的。

在印度人家中做客饮茶时，客人进室后的坐姿很有讲究，这是对主人的一种尊重。其时，女客须双腿并拢屈膝而坐，男客则须盘腿而坐。当客人在主人第一次奉茶时，还需要表示一下推拒；在第二次奉茶时，方能接下主人的美意。如此，捧着一杯风味独特的奶茶，边饮茶、边聊天，其乐融融，宾主尽欢。

斯里兰卡："锡兰红茶"风情万种

斯里兰卡是位于南亚次大陆南端的一个岛国，是印度洋上重要的交通要塞。斯里兰卡曾被荷兰和英国先后占领一段时间，扮演着中荷、中英茶叶贸易中交通枢纽的角色；后来因为其地常年高温、降水丰富、没有强风、光照充足、昼夜温差大等适合茶叶生长的自然条件，英国人便开始有目的地在斯里兰卡种植茶叶。1824年，康提（Kandy）附近的佩拉德尼亚植物园播下了中国茶的种子；19世纪70年代，斯里兰卡的咖啡树大面积病害，而在此之前咖啡是斯里兰卡经济作物里的主角；1867年，斯里兰卡引进了印度阿萨姆茶的茶树；19世纪80年代，枯萎病下茶叶幸免于难，使得英国人致力于发展壮大茶叶种植园。长期以来，斯里兰卡一直处于世界茶叶生产大国的地位。

可以说，正是英国人将茶叶生产规模化、科学化、产业化，才使茶产业迅速崛起，成为斯里兰卡的重要支柱产业，使斯里兰卡红茶后来居上，在中国安徽祁门红茶、印度大吉岭红茶和阿萨姆红茶的包抄下杀出一条血路，成为世界四大红茶之一。在斯里兰卡，茶叶生产是很多人赖以生存的手段，而饮茶则是生活里最悠闲放松的事。

斯里兰卡的饮茶风情颇具地域特色。除了明显受英国人影响的下午茶风情以外，斯里兰卡人饮茶的方式与丰富的小气候类型密切相关。这里虽没有"一山有四季，十里不同天"如此夸张，但因为山地高海拔与季风气候的碰撞，使一座山上不同海拔地区产生了细微的天气差异。这种天气差异则使茶叶品质也有了微妙的不同。总体来说，斯里兰卡的茶叶分为海拔高于1200米的高地茶、海拔在800~1200米的中地茶和海拔低于800米的低地茶。努瓦拉埃利亚产区的红茶，汤色是鲜亮的琥珀色，滋味清淡爽口，带有清新的花香，有"茶中香

新加坡人喜爱的肉骨茶

马来西亚拉茶

柬埔寨工艺茶具

巴基斯坦街头侍茶人

巴基斯坦街边饮茶

斯里兰卡茶园

印度茶园

印度北部妇女用俄式茶炉煮茶（李竹雨 提供）

伊朗茶器具

阿富汗家用茶

槟"之誉。茶区附近的斯里兰卡人多将此处产的红茶用来清饮，他们认为其他诸如牛奶之类的佐料，都会覆盖努瓦拉埃利亚红茶的清新滋味，便是对好茶的亵渎。乌瓦产区生产的茶滋味浓烈苦涩，香气浓厚馥郁，这种浓强鲜风格的红茶较为适合做调饮，加入牛奶也不易掩盖茶味。丁布拉产区的茶就比较中庸了，绵柔醇厚也不那么苦涩，适合用来制作冰红茶⋯⋯

不同海拔不同产区的斯里兰卡茶叶如此风情万种，斯里兰卡人干脆将此种优势最大化，将各种茶叶与花果等拼配，诸如夏威夷果茶、草莓红茶、薄荷绿茶、茉莉花茶等，兼具茶与花果的香气滋味，越来越受消费者欢迎。斯里兰卡所产的茶叶出口统一使用"锡兰红茶"的名称，狮子图案的商标，正因为重视品牌经营与管理，"锡兰红茶"才会享誉全球，锡兰风味茶由此闻名天下。来自中国浙江的珠茶也在斯里兰卡落户产生细微变化，再加上不同加工工艺，制作后的茶叶形似火药，有烟熏味，于是得了一个"火药绿茶"的别号，这种茶就颇受当地消费者青睐。

在斯里兰卡，茶与生活的结合是自然而不露痕迹的。人们可以把一座茶叶加工工厂改建成酒店，将斯里兰卡茶叶加工历史展现给来去匆匆的旅客，至今这座名叫Tea Factory House的旅店仍是非常热门的观光景点，可以在入住后，每天享受到"一日三茶"的待遇。

斯里兰卡人起床第一件事便是美滋滋地喝上一杯茶；还有午餐茶，比较常见的如生姜红茶，享受完丰盛美味的午餐后，斯里兰卡人会喝上一杯姜汁红茶，做法非常简单，即将生姜榨汁，投入红茶中，根据个人口味选择是否加糖，但是通常不会加入牛奶；而下午茶对一部分斯里兰卡人来说也非常重要，比起英国人的精致饮茶而言，斯里兰卡人的下午茶相当粗糙了。茶包用热水冲泡后，捞出茶包（卢哈纳茶区的红茶发酵重，滋味强，适合下午茶的制作），加入牛奶和糖搅拌。斯里兰卡的红奶茶奶味比较重，牛奶含量高达12%，因此他们的奶茶香醇爽滑，再配上饼干、水果（最常见的是香蕉），一天中最惬意的莫过于下午茶时光。饮下午茶时，在一些知名酒店还有独特的茶叶鸡尾酒和美味的茶餐（例如用茶叶熏烤的烟熏鸭胸肉和鲔鱼等）。

斯里兰卡的城市里到处可见用来沏茶饮茶的茶站（铺），放置着一米多高的热水炉，往纸杯里丢一袋茶，热开水一冲，又浓又香的红茶便出炉了，简单快捷。在农村也有这样的茶站，村民们三五成群捧着一杯浓茶围在一起谈天，互通有无。斯里兰卡没有茶馆，不存在茶道、茶艺、茶礼之说，他们将茶融入生活，把饮茶当作习以为常的事。他们的杯中基本上都是袋泡茶，并且都只泡一次。

此外，斯里兰卡还有一种历史悠久的非茶之茶，名唤"五层龙茶"，又名"考特拉"，根据斯里兰卡传统医学"生命吠陀"（Ayurveda）记载，考特拉茶作为一种预防和治疗糖尿病的民间药方，已经有几千年的历史。据传说它能够抑制和转化体内糖分的吸收，有激活肝脏和大肠的功能，所以在山区民间亦有一定市场。

南亚其他国家

南亚是世界四大文明发源地之一，又是佛教、印度教等宗教的发源地。生态环境和气候条件适宜茶树生长，因此南亚国家都有茶叶生产，且饮茶风情很浓。这里，除前述南亚诸国的饮茶风情外，再列举数国。

（1）孟加拉：位于南亚次大陆，与缅甸、印度比邻。它的气候虽然适合种植茶树，却因国内经常遭遇洪灾而导致茶叶减产。因而孟加拉国虽是世界产茶大国，茶叶产量却极不稳定。2016年，孟加拉国产茶6.45万吨，这已经算其历年茶叶产量中有代表性的数据了。孟加拉的建国史是一部与印度、巴基斯坦的纠葛史，以至于饮茶风情也近似。英国人将茶种带到了印度阿萨姆，而阿萨姆将这福祉传递到了孟加拉希尔赫特北部。此后，阿萨姆红茶在孟加拉安家落户。或许因为孟加拉产茶历史与饮茶历史都太过短暂，以致孟加拉的饮茶风情缺少本民族的特色。

在饮茶风情上，孟加拉与巴基斯坦基本相似。如果说巴基斯坦是饮茶的狂热粉丝，那么孟加拉只能算是饮茶的路人粉。从饮茶频率来看，巴基斯坦人一日三茶，甚至一日五茶，而许多孟加拉人一日一茶。他们每天清晨起床后，先要喝上一杯茶，神清气爽，通体舒泰，之后才是洗漱和早餐时间，这一点与巴基斯坦是一致的。当然，孟加拉人也会在谈公事或者待客等较为正式的场合饮茶。热情好客的天性促使他们用上好的茶叶招待朋友，如果有人拒绝了他们奉上的茶，他们会相当生气，认为这是一种失礼的行为。

孟加拉国主要生产红茶，也生产一些绿茶。红茶经工厂加工后，形成黑色细小的颗粒，被称呼为"黑茶"。基本可以根据茶叶颗粒大小，判断茶味浓淡，大致说来，颗粒越小，茶的滋味越浓。饮茶时，将一小撮"黑茶"放入茶杯，加入开水冲泡。浸泡三五分钟后滤去茶叶颗粒，便可以直接清饮了。但无论是红茶还是绿茶，孟加拉人都更热爱调饮。牛奶、柠檬、糖等算是较为常见的佐料，也有如同薄荷、豆蔻、丁香等较为刺激的佐料。

在孟加拉一个叫做斯里蒙戈尔的小镇上，有人将调饮的技艺发挥到极致。利用三种品质的红茶、一种绿茶、牛奶以及各种调料，调制出七层颜色不同、口感不同的茶汤，七层茶汤泾渭分明，煞是好看。据说这种大名鼎鼎的七层茶制作原理是不同层次的茶汤密度不同，从而形成明显的层次。茶客饮七层茶，一层又一层品评，每一层都是新的惊喜，使一杯茶包含有肉桂味、柑橘味、带有豆蔻刺激的甜绿茶味、香甜浓醇的红奶茶味等。许多人慕名而来，希望辨别出七层茶里的所有原料，但几乎所有人都铩羽而归。正因如此，七层茶的技术至今仍掌握在发明者手中，而其他仿冒者，据说至多只能研发出五层茶。

（2）尼泊尔：作为南亚山区内陆国家，尼泊尔却拥有得天独厚的气候条件和海拔条件来种植茶叶。除此以外，这个国家以农业为主，少有工业污染，因此，尼泊尔的茶叶可以说是真正无污染的有机茶叶。自尼泊尔首相Jung Bahadur Rana于1863年从中国带回第一批茶树种子后，尼泊尔的茶业开始蓬勃发展，他们在平原种植茶，加工成CTC红茶；而将海拔较高的山地丘陵种植的茶，加工成传统茶，即绿茶或山茶。

虽然尼泊尔高山上的绿茶香气独特，清透且带有水果香，品质上佳，但尼泊尔人却更钟爱CTC红茶，它俘获了95％以上尼泊尔人的味蕾。在尼泊尔，奶茶在饮料界具有不可动摇的地位。无论是用CTC和生姜制成的普通姜奶茶，还是用料更讲究的马萨拉茶，都可以轻松在街头巷尾的茶档里找到。

处于喜马拉雅山高原地带的一些尼泊尔人，为了抵御寒冷和湿气，逐渐开始饮姜奶茶。在大茶壶里放入红茶和生姜，加水后用炭炉或者柴炉熬煮，熬得浓浓的，再加入牛奶或炼乳搅拌均匀。认为喝完一杯姜奶茶，浑身热烘烘、暖洋洋，熨帖而舒适。

作为印度的邻居，尼泊尔与印度有着喝马萨拉茶的相同习惯。马萨拉茶是用红茶、生姜、豆蔻、丁香、茴香籽、肉桂、牛奶和糖等按一定比例调配后熬煮出来的。正因牵涉到的原料种类丰富，尼泊尔的各色茶档便自由发挥，随性制作，一千家茶档有一千种马萨拉茶，哪怕是一家茶档，今天和明天的马萨拉茶配方也不一定相同。某种角度上说，尼泊尔的马萨拉茶是姜奶茶的升级版。

尼泊尔的马萨拉茶好喝，有三个大家心照不宣的秘诀。其一，必须用到尼泊尔ILAM红茶和生姜，ILAM红茶与印度大吉岭生产的红茶有些相似，口感甜而不涩，具有清新的水果甜香，而生姜是众多配料里的主角，是必不可少的；其二，煮茶的水是喜马拉雅山上的冰雪融水，好茶需好水正是这个道理；其三，尼泊尔人喝茶，融情于景，他们爱热闹、爱风景，能一边饮茶，一边欣赏到喜马拉雅山美景的地方就是最好的选择。尼泊尔最出名的奶茶是巴德岗的奶茶，盖因这里风景独好，充满浓厚的尼泊尔人文艺术风情和自然风情，所以受到特别追捧。

中亚

中亚地区共包含五个国家，它们是哈萨克斯坦、吉尔吉斯斯坦、乌兹别克斯坦、塔吉克斯坦、土库曼斯坦。中亚五国，原本是西域的一部分，饮茶风习由维吾尔族先人传入，为时较早。据《新唐书·陆羽传》载："时回纥（维吾尔族人民的祖先）入朝，始驱马市茶。"这里提到的回纥，于788年已改称回鹘，这说明在改名前回纥就开始驱马市茶了。它表明至迟在788年以前，饮茶习俗已传播到现今的中亚，以及回纥统治区的某些地区。

在中亚五国，茶一直被视为不可或缺的民族饮料，生活中都离不开茶，不但每天一日三餐需要喝茶，而且茶早已成为重要媒介，聚会联谊、办事交际都离不开茶，所以茶叶消费量巨大。但这些国家除哈萨克斯坦有少量茶叶生产外，其他国家都不产茶，茶叶主要依靠进口。

中亚五国饮用的茶叶，除乌兹别克斯坦外，大多饮的是红茶。红茶主要来自印度、中国、斯里兰卡、肯尼亚等国；绿茶主要来自中国。

在中亚五国，虽然有共同的茶文化大背景，但不同民族所创造的茶文化又各具特色，最具有代表性，又兼具各自特色的是哈萨克斯坦、乌兹别克斯坦和塔吉克斯坦三个国家。

哈萨克斯坦：无茶则病

哈萨克斯坦地处中亚内陆，是世界上最大的内陆国家。又因地处丝绸之路，所以饮茶历史久远。还因这里居住着广大逐水草而居的游牧民族，因而在茶文化基因里带有浓浓的草原特征。这个游牧民族不仅把茶当作一种饮料，而且还把它当作保健食品，历来有"无茶则病""不可一日无茶"之说。19世纪时，在哈萨克斯坦茶叶属于草原的贵族财产，被视为黄金饮料。其实，哈萨克斯坦本国只产很少量的茶，但近年来人均年消费茶叶达1.5公斤左右，是世界主要茶叶消费国之一。

在哈萨克斯坦，全国有70%以上人每天喝茶。通常，人们每天要喝茶2~3次，有的老茶客甚至每天要喝茶5~6次。倘有宾客入住，早晨洗漱后主人还会请客人先去餐厅喝茶，并端上丰盛的茶点，不知情的外国宾客以为这是早餐，总是吃得饱饱的，待到主人来邀请一起共进早餐时方才知晓，可是为时已晚了。

哈萨克斯坦人最喜欢的茶饮料是奶茶，这是因为哈萨克人绝大多数过着逐水草而居的游牧生活，因而其茶文化带有浓重的草原游牧生活的印记。他们在饮食生活中离不开奶，连饮茶也离不开奶，牛奶、羊奶、马奶等都可与茶混合在一起饮用。哈萨克斯坦人一天三顿饭，饭前、饭后都要喝奶茶。喝奶茶时往往还配有丰富的茶食，最常见的是干果、葡萄干、糖块、列巴（用面粉做的一种面包）等。

在哈萨克斯坦，主人给宾客饮茶，往往只倒半杯，他们认为若是主人满满地倒了一杯茶，反而意味着你不受欢迎。不过哈萨克斯坦人决不能让客人的茶碗有一刻空闲。倘若客人不想再喝时，只需用右手把碗口捂一下，主人便明白客人无须再用茶了。

哈萨克斯坦人非常重视待客饮茶，认为饮茶是主宾交流情感的重要手段。人们习惯于围坐在茶炊旁，慢慢地一杯接一杯饮茶，此情此景，不言自明，这是历史传承留在味觉里的文化基因。

哈萨克人喝茶时，喜欢伴以大盘小碟，非常丰盛，内有烤饼、蛋糕、馅饼、甜面包以及果酱、蜂蜜等等。

哈萨克斯坦沏茶很讲究，有软水泡茶滋味爽之说，所以注重泡茶择水之习，有时为了寻得一壶好水，乐意骑马几十里去取水。他们认为，泡茶用水首选雪水，其次是泉水和溪水，再次是河水，至于草原上的小潭死水是决不能泡茶的。

哈萨克斯坦人以喝红茶为主，但在牧区多数喝黑茶，这与牧民喜食高热量、高脂肪的羊肉、马肉、奶酪等食物有关。

传统的哈萨克斯坦奶茶，其喝茶方法很奇特：先抓一把炒米放进奶茶里，再将馕在奶茶中浸泡后食用，最后将用手指碾碎的面包屑放进奶茶碗里舔食。如此饮茶，饮茶后，饮杯看上去始终是干干净净的。另一种传统的茶叶煮饮方式是在红茶汤中加入浓稠的奶油，它不但能使茶汤滋味变得更加浓烈，而且还能增添茶的能量，这种饮茶法带有鲜明的游牧民族风格。此外，还有一些哈萨克斯坦人还喜欢喝带有北美风味的冰镇茶。

另外，在哈萨克斯坦的民间生活中，还融入了不少与饮茶相关的生活风俗。比如一个男青年喜欢上一个女孩时，在求爱时总会含情脉脉地对姑娘表白说："您来我家，为我烧一辈子茶吧。"以茶表白结为终生伴侣。这种表白方式，放在当代中国，怕是妥妥地被拒绝的节奏。又如哈萨克斯坦人把邀请客人说成"给一壶茶";把"请客吃饭"说成是"请喝一壶茶",将茶等同米饭一样。倘若主人直接说"我请你吃饭",客人会不高兴的,因为在哈萨克语中"我请你吃饭",在语气中不免带有一丝"施舍"的意思,这往往会引起被邀请者情绪上的反感。

乌兹别克斯坦:每家都有茶室

乌兹别克斯坦是中亚内陆国家,是著名的"丝绸之路"古国,历史上与中国以"丝绸之路"为纽带有着悠久的联系,所以饮茶历史久远。又因乌兹别克人大多信奉伊斯兰教,禁酒倡茶,大部分地方处于沙漠地带,气候严重干旱,饮茶解暑止渴成为生活常态。有鉴于此,与其他中亚国家一样,茶在乌兹别克斯坦一直被认为是不可或缺的民族饮料。不过,乌兹别克斯坦人民饮茶,除首都塔什干以饮红茶为主外,其他地区大都推崇饮绿茶,这是乌兹别克斯坦的饮茶风情与其他中亚国家的主要区别之一。

乌兹别克斯坦人民不仅把茶看成一种饮料,还把它当作是一种保健和治病良方,甚至把它视为一种不可缺少的食物,每天离不开它,为此乌兹别克斯坦的几乎每个家庭,都开辟有一个专门的茶室,用来招待来宾或自家人饮茶。在许多机关、学校、矿厂、企业、商场甚至还制订有茶歇时间，辟有专门茶室供大家喝茶。倘若有客人上门，主人一定会奉上一杯香茗，以表达欢迎之意。若有客人拒绝饮茶，则会被看作是一种不礼貌或少教养的举动。

乌兹别克斯坦人民饮茶成习，生活中离不开茶。饮茶通常采用壶泡法，一般不加糖和奶。沏茶时，先将茶叶投入茶壶里，然后注入沸腾的开水。他们认为水越热，冲泡出来的茶越香。大抵说来，当茶叶在壶中浸泡3~5分钟后，主人就会把泡好的茶水倾入茶碗。少倾，再将茶碗中的茶水再次倒回茶壶，如此反复二三次，目的是为了使茶叶中汁水经多次翻腾，让茶汁不断浸出，促使茶味更浓。最后，主人再把茶水注入每个茶碗，有礼貌地奉送给每位客人，让大家尽兴品尝。但值得注意的是乌兹别克斯坦人饮茶所使用的饮杯较小，有些类似于中国的茶盏。

与中国人一样，乌兹别克斯坦人民还将茶引入婚礼之中，使之成为婚庆的一部分。通常选择在新婚后的第二天，新娘需在会见新郎的亲朋好友时奉茶送点，即所谓的喝新娘茶。在新娘奉茶时，定会穿着传统的民族服装，打扮得明艳照人，端着一碗热茶恭敬地递给到场的众位客人。而在场的众多客人，则会一边喝茶，一边询问新娘的近况，并不断地送给新娘、新郎各种各样的礼物和美好的祝福。

乌兹别克斯坦由于本国不产茶，需求量较大的绿茶，大多产自中国。

塔吉克斯坦：无点不成茶

塔吉克斯坦是中亚的一个古老民族，位于中亚东南部，属内陆国家之一。全境以山地和高原为主，东与中国新疆相邻，是古丝绸之路的必经之地，也是中亚五国中唯一主体民族是非突厥族系的国家。这里的居民多信奉伊斯兰教，人民不仅代代饮茶，而且饮茶量很大。

塔吉克斯坦人钟情饮红茶，同时也有客来敬茶的习俗。但在日常生活中，当地人民忌讳用左手递送东西或食物，他们认为倘若用左手奉茶，这是对人的不敬和侮辱，因为左手常用来如厕，是不清洁的。对奉茶之礼，塔吉克斯坦人有着自己的道德规范和做人的原则。他们在给自己饮茶时，总会倒上满满一杯或是一碗，但一旦为客人敬茶时，总会改用小杯，其容茶量只是10毫升左右。热情好客的塔吉克人民认为：客人是珍贵的来宾，来家做客就是对自家的尊重和友谊的表达，有着特殊的意义。因此，他们认为对客人必须以情相待，"客人是上帝的使者"。如果客人上门来的时候，能逗留的时间越长，这表明两家的情谊越深、关系越亲，为此他们在饮茶过程中，总是想方设法，让客人有尽量多的时间留在家中，甚至连客人起身告别时，也希望把他留住。为此，塔吉克斯坦人为客人斟茶时，总是先斟少许，这是向客人暗示：希望能够在这里尽可能地多喝些茶、多逗留些时间，以便双方品茶交流、互诉衷情。在日常生活中，每当塔吉克斯坦人在朋友间相遇时，总会情不自禁地说一声："请来我家喝杯茶！"

塔吉克斯坦人饮的茶大多为红茶，而且也喜欢在红茶中加上糖和牛奶。但塔吉克斯坦人民在饮茶待客时，特别注重配有丰富的茶点，诸如葡萄干、柿饼、杏仁、核桃等，这也是塔吉克斯坦每个家庭的必备之物。在塔吉克斯坦，有个不成文的规矩，叫做"无点不成茶"，丰富的茶点就足以让客人吃得饱饱的了。这种饮茶之俗，不但成了塔吉克人民的待客之道，而且还是区别于其他中亚国家的特别之处。

塔吉克斯坦饮茶风情之一是塔式的茶楼。在塔吉克斯坦城镇，茶楼随处可见，通常高二三层，面积较大，有的可以容纳上千茶客。至于茶楼装修，也很讲究。还有茶楼营业几乎是全天候的，从早晨六时营业到晚上半夜。在茶楼里，既可尝到当地的传统美食，还能欣赏到当地民族特色音乐。至于饮茶器具，都富有鲜明的地方和民族特色。

塔吉克斯坦人民喜欢在茶楼饮茶，这里不但是老年人生活的乐园，而且还是中年人叙谊洽谈的要地，甚至不少年轻人谈情说爱，也喜欢选择在茶楼约会。值得一提的是塔吉克斯坦的塔式茶楼还充当着外交使者的作用。塔吉克斯坦总统向世界其他国家赠送茶楼，如1998年向美国赠送了一座可以容纳120人的茶楼，建在美国科罗拉多丹佛市附近。此后，塔吉克斯坦总统还向奥地利和澳大利亚赠送了类似的茶楼。如此，塔式茶楼便成为构建外交关系的桥梁，成为国际友谊的象征；同时，也成为传播塔吉克斯坦文化，特别是茶文化的重要媒介。

西亚

西亚，又称西南亚，地处亚洲西南部，包含土耳其、叙利亚、格鲁吉亚、塞浦路斯、约旦、伊拉克、伊朗、沙特阿拉伯、阿联酋、巴林、阿富汗、阿曼、也门、以色列、巴勒斯坦、黎巴嫩、卡塔尔、阿塞拜疆、亚美尼亚等众多国家，其地是联系亚、欧、非三大洲和沟通大西洋、印度洋的枢纽，地理位置十分重要。喜欢饮茶是西亚人的共同特点，饮茶风俗有中国的影子，也很少受欧洲的影响，更多地保持着本民族的特色。下面，选择几个饮茶富有民族特色的国家，以飨读者。

土耳其："泡在茶汤里的国家"

土耳其地处中亚，是连接欧亚的十字路口，也是一个横跨欧亚两洲的国家。早在数百年前，茶就沿着丝绸之路远播到了土耳其。土耳其人称茶为"Cay"，与中文中的"茶"字发音类同，这就是最好的证明。

土耳其人酷爱饮茶，有"不可一日无茶"之习，通常成年人每天喝茶在10杯以上。许多成年人早晨起床后，甚至还未曾刷牙用餐，第一件事，就是要先喝杯茶。如果你身处土耳其，随处都可以听到当地人口中不时发出的"茶"字声，茶已成为土耳其人的口头禅。有鉴于此，土耳其被称为"泡在茶汤里的国家"。根据调查机构欧睿（Euromonitor）2011年的统计数据显示，世界上每年人均茶叶消费量最高的国家为土耳其，每年人均消费量高达3157克。至今，土耳其人均茶叶消费量，依然在世界上名列前茅。

如果身处土耳其城乡，总会见到许多土耳其人在等公交车时，手里也会端杯茶，甚至坐在路边歇脚时也要来杯茶。所以，在土耳其，无论是在城市还是乡村，茶馆总是星罗棋布，竟然在众多小吃店里也兼卖茶。特别有趣的是：当你走进城市街头，就会见到或听到只要吹几声口哨，附近茶馆里的服务员，就会随即手托一个精致的茶盘，放上一杯热气腾腾的茶水，立马送到你眼前。所以，你走在城市街头巷尾，随处都可以见到有串街走巷的茶馆服务员，挨门挨户为饮者送上热茶。倘若你在车船码头，大道半途，也总有专门的卖茶人，口中不断地吆喝："刚煮好的热茶！"意在引起想喝茶的过往行人注意。倘在机关、商场、工矿等单位里，也都有专人负责煮茶、卖茶和送茶。在学校教师、企事业单位的办公室里，还专门在办公桌旁安装有一个电铃，人们若要喝茶，只要一按电铃，就会有专门送茶人端着茶盘和杯子，将热茶送上。即便是学生、员工，在课间、工间也可去专门开设的饮茶室里喝茶。

土耳其人喝茶用的杯，大多是鼓形的小玻璃杯，以及小匙、小碟。煮茶时，多数使用的是一大一小的两把铜茶壶：先用大茶壶放置在木炭火炉子上煮水；再将小茶壶放在大茶壶之上，茶水的用量较大，通常按1克茶30～50毫升水的比例冲泡。待大茶壶中的水煮沸后，就将沸水冲入放有茶的小茶壶中，经3分钟左右后，将小茶壶中的浓茶汁按各人口味，一一倾入各个小玻璃杯中。而后，再将大茶壶中的沸水冲入盛有浓茶汁的小茶杯中，至七八分满后，加上几块方糖，再用小匙搅拌均匀，使茶、水、糖混合后即可饮用。

土耳其人煮茶，特别讲究调制功夫。认为色泽红艳、香气浓郁、滋味醇厚、汤色透明的红茶才是真正的好茶。因此，土耳其人煮茶时，总要夸夸自己煮茶的功夫。在一些高档茶馆里，还配有专门的煮茶高手，教客人学煮茶。在这里，既能学到具有土耳其风格的煮红茶技术，又能尝到具有土耳其风味的红茶滋味，还能体验到具有土耳其风情的饮茶情趣。但土耳其的茶馆往往不打"茶"的招牌。你只要见到有咖啡厅（室、屋），这里全都有传统的土耳其茶和土耳其咖啡提供。在这里，你可以点上一杯土耳其茶，体验一下土耳其人的生活风情，最多见的就是边饮茶、边吸水烟、边下棋的茶客。这种红茶喝起来，总会有热呼呼、甜滋滋、酸溜溜的感觉，可谓别具一格。

土耳其人喜欢饮很烫的茶，认为如此喝茶会产生强烈的刺激感，又会产生一种奇妙的快乐感，这有别于他国。

总而言之，茶早已渗透到土耳其的每个角落、各个阶层，使之成为土耳其的一道亮丽生活风景线。

伊朗：含糖啜茗

伊朗，史称波斯，亦称"安息"，位于亚洲西南部，北邻亚美尼亚、阿塞拜疆、土库曼斯坦，西与土耳其和伊拉克接壤，东与巴基斯坦和阿富汗相连，另与哈萨克斯坦和俄罗斯隔海相望，是一个有着近五千年历史的古老国家。伊朗饮茶与"丝绸之路"有着不解之缘，是张骞出使西域途经的国家之一。受此影响，在伊朗茶的发音为"茶依"，与中国人对茶的称呼接近。

伊朗人喜欢饮茶，许多成年男子每天都要饮茶10杯左右，人均年茶叶消费量在世界饮茶国中排名是比较靠前的。在伊朗，也许你会找不到矿泉水，但却一定能喝到暖暖的茶，可见伊朗人对饮茶的痴迷。

由于伊朗几乎人人喝茶，所以本土产的茶叶并不能满足伊朗人的需求。伊朗人喜爱饮有甜香味和果香味的红茶，印度和斯里兰卡便是他们进口红茶的主要地区。伊朗人饮茶也很有特色，他们饮茶时，通常不展示茶叶的泡制过程，而是将事先在壶中泡好的茶汤倾入杯中再端至客人面前，并要求做到奉上的茶杯底部不能出现红茶颗粒。一杯好的红茶，不仅要求杯底无茶叶片末，而且要求汤色油润，色如琥珀，滋味香浓。

伊朗人自己饮茶，不喜欢在红茶中添加牛奶等佐料，追求返璞归真的原香原味，但他们的饮茶方式又区别于传统的清饮，是一种半清饮、半调饮的饮茶方法，称作"含糖啜茗"。他们泡茶时，先将茶叶放置在一个小壶内，注入沸水冲泡，然后再把小茶壶放到一个特制的大茶壶顶端。在大茶壶顶端继续加热，这样大茶壶在加热过程中产生蒸汽，会源源不断地上升至小茶壶底部，在加热保温茶水的同时，还能使茶味更加醇厚，使茶香更加散发，以满足伊朗人喝茶时追求茶汤热、茶味浓、茶香高的需求。烹煮后，将小茶壶中的茶汤倒入茶杯中，而小茶壶有滤网，可以防止茶末倒入茶杯。伊朗人往往选用与红茶汤交相辉映的红色茶杯进行品茶，艳丽而又别致。茶汤色如琥珀，浓香剔透，油光厚重，无浑浊之感。

伊朗人也爱饮甜茶，但饮茶时，为了能品尝茶的原香，他们并不会将方糖直接投入茶汤中，而是选择先将方糖直接放入口中，再啜一口浓香的茶汤，任由方糖就着茶汤在口中融化，再根据茶味的轻重，以及方糖的融化程度来调节红茶的甜淡。这就是伊朗人独具风味的"含糖啜茗"，这种品红茶的方式在伊朗人眼中是最佳的品茗方式。在方糖的选择上，伊朗人也是很有讲究的，在富有之家，或者是高档的茶馆里，饮茶时所配的糖片多为片状单晶冰糖，以带柠檬味的糖片为佳，两者结合起来品味时很有柠檬红茶的感觉。

伊朗成年男子或老汉，在饮茶时往往还有吸水烟的习惯。他们在饮茶时，旁边还会配备一支长颈式水烟壶，边喝茶，边抽水烟，意趣盎然。这种水烟因为经过水的过滤，再加上茶能减轻尼古丁危害，所以相比吸旱烟更卫生，口感也更顺口。

伊朗几乎人人饮茶，而且对饮茶的环境十分考究，为了更好地满足民众这一需要，茶馆林立。伊朗茶馆或茶室满足了各个阶层，既有相对简单素雅的茶馆，也有装修豪华精致的高级茶馆。伊朗人爱亲近自然，饮茶多在室外。客人到来后，店家会在室内为其沏好茶水，在室外配上相得益彰的茶壶、茶杯等茶具，供客人自斟自饮，如此一边欣赏风光，一边品茗尝味，一边与朋友谈天说地，自然感受到了天时、地利、人和的和谐景象。

茶是伊朗人生活不可分割的一部分，他们日常生活离不开喝茶，伊朗的国教是伊斯兰教，伊斯兰教禁酒，而茶就成了最好也是最恰当的替代品。茶的保健功能丰富伊朗人民的饮食结构，给伊朗人民带来他们需要的营养。对他们而言，茶是一种日常生活必需品，也是一种必不可少的精神"食粮"。

饮茶还丰富了伊朗人民的文化，它象征了美好、文明。客人来了，为客人献上一杯浓醇的茶代表伊朗人最高的礼遇，茶宴、茶会、茶艺、茶话都是以茶款待客人的方式。茶代表了冷静和庄重，不会像酒一样过度后就让人神志不清。所以，在生活中无论是朋友、下级，还是官员、上司，都习惯于将茶作为沟通人际关系的纽带。伊朗人甚至还保持着"夜谈"的习惯。边喝茶，提神醒脑、补充体力；边与友人畅谈，意兴盎然，这种轻松氛围下的谈话往往会持续到深更半夜，有时甚至可以通宵达旦，毕竟茶越喝越有滋味，兴致会越谈越浓。

格鲁吉亚：清茶一杯无添加

格鲁吉亚位于亚洲西南部。早在1770年，俄国沙皇叶卡婕琳娜二世将茶和茶炊作为礼物赠送给格鲁吉亚（时属俄国藩属国）沙皇伊拉克利，从而开创格鲁吉亚饮茶先河。接着，由于格鲁吉亚位于外高加索中西部，西临黑海，属亚热带地中海气候，生态环境优越，适合茶树种植。为此，俄国人于1814年开始尝试在格鲁吉亚种茶。后来，俄国人又于1833年从中国购买茶籽、茶苗，栽植于格鲁吉亚的尼基特植物园，依照中国工艺制作茶叶。1883年，俄国人索洛佐夫又从中国汉口运去大量茶苗和茶籽，在格鲁吉亚的巴统及外高加索其他一些地方开辟茶园，试种初见成效。清光绪十九年（1893年），应俄国皇家采办商波波夫之邀，时任浙江宁波茶厂副厂长的刘峻周，带领技工十余名，购得茶籽几百普特和茶苗几万株，经广州从海路历经三个多月海上颠簸，终于抵达格鲁吉亚的巴统港，然后在格鲁吉亚的巴统及外高加索地区指导当地人种茶。最后，经刘峻周等人精心栽培试验，历经三年终于获得成功，制造出了第一批茶叶，从而开创了格鲁吉亚种茶、制茶先河。后来，刘峻周又再次受邀，第二次去格鲁吉亚发展茶叶生产，使格鲁吉亚种茶成为一业。在刘峻周之前，格鲁吉亚虽然也曾多次引进中国茶籽、茶苗在多地试植，但均未获得成功。1900年，格鲁吉亚生产的茶叶在法国巴黎世界工业博览会上获得金奖，轰动了整个格鲁吉亚。对此，格鲁吉亚人民为纪念刘峻周对发展茶叶生产做出的重大贡献，把当地生产的茶叶誉称"刘茶"，成为格鲁吉亚红茶的鼻祖。当年刘峻周在巴统恰克瓦镇生活和居住过的房舍，被开辟成为"刘峻周纪念馆"，供后人瞻仰。

格鲁吉亚茶叶生产主要分布在南部地区，90%以上茶叶产在这里，生产的茶叶以红茶为主。这与大多数格鲁吉亚人特别喜爱饮红茶有关，也有一些格鲁吉亚人爱饮绿茶的。此外，还有少部分人喜饮砖茶和花茶。但无论是饮红茶、绿茶、砖茶还是花茶，格鲁吉亚人大都崇尚清茶一杯，无须加入其他任何调料。认为清茶一杯，简便易行，无须拘泥于形式。这与西亚其他国家普遍喜欢饮加奶、加糖的调饮茶相比，显得有些不一样，可谓是独树一帜。

格鲁吉亚的沏茶方式有些类似中国西部民族地区的

烤茶，沏茶时先将金属壶放在火种上烤至100℃左右；然后将茶叶投放进炙热的壶内不断翻滚；最后注入热开水冲泡几分钟。如此，一壶香气四溢、滋味醇厚的浓茶便泡好了。这种沏泡茶叶的方法，最终要求达到色、香、味俱佳：一是入目时，要求茶色红艳可爱；二是要求在沏泡时，能闻到茶的浓香；三是要在倒水沏茶时，能发出"噼噼啪啪"的响声。所以格鲁吉亚人沏茶时，对烤壶的火温掌握，以及操作方法上都有精确的要求，他们认为，只有这样方能取得沏茶的最佳效果。

如今，格鲁吉亚全国约有八成成年人有饮茶风习，饮茶已经成为格鲁吉亚多数家庭中餐前饭后、交心会友时一种不可缺少的生活习惯。格鲁吉亚人民在生活起居中，还特别注重下午饮茶。他们认为，下午饮茶不可少，有利于神清气爽，消除疲惫，饮下午茶更有利于生活品质的提升。

伊拉克："阿斯塔"杯中的红茶汤

伊拉克位于亚洲西南部，阿拉伯半岛东北部，穆斯林约占全国人口的95%。这里的人民爱吃牛羊等乳肉制品，不太吃青菜，而茶的助消化作用和丰富的营养成分，便成了伊拉克人的最爱和"朋友"。说来奇怪，据《巴格达地方志》记载，在80多年前，伊拉克人还未曾见过茶叶。而今天，茶已是伊拉克人日常生活如影随形的饮料，也是款待亲朋好友的一种主要会客接待方式。

伊拉克人习惯喝红茶。在家里一般由家庭主妇煮茶，她们将茶叶放入茶壶冲上水，然后放到炉子上煮，待茶水煮开，颜色由红变黑，浓度由淡变深时，再用滤勺滤去茶渣。这时，主妇便会随即准备好洁净茶杯，杯中放上白糖，冲入茶水即可。至于在野外喝茶，相对比较随便。

伊拉克人喝红茶与多数其他阿拉伯国家相比，有三个与众不同的特点：一是就全国范围而言，伊拉克人饮茶品类比较单一，特别喜欢饮红茶，而且饮茶浓度高。至于其他茶类，诸如绿茶、乌龙茶、花茶等，很难见到。二是伊拉克人饮红茶，喜欢在茶里加很多的糖，有一些人喝红茶的时候，糖的用量往往超过茶的用量，有的一杯茶里甚至放了半杯糖，甜得嗓子都发痒，这种习惯，往往使得国外客人难以接受。三是伊拉克人喜欢选用具有阿拉伯风情的小玻璃茶杯喝茶。这种名曰"阿斯塔"的茶杯，使茶汤显红剔透，端着喝茶，很有一些绅士风度。

伊拉克东邻伊朗，故饮茶习俗与伊朗比较接近，所以也有"含糖啜茗"的饮茶风习。就是饮茶时，先煮好一杯浓浓的红茶，随后倾入杯中。另外，备有一个盛有白糖的盘子，饮用时先用舌头舔一口白糖，此时白糖就会黏在舌面上，然后端起茶杯啜上一口红茶，慢慢咽下，让茶水与舌面上的白糖相互交融，用茶水调整红茶的甜度。这种在口中自由调节红茶甜度的饮茶方法，与普通的一茶一味截然不同，可以根据各人口味，自由调节，使饮茶变得别有一番风情。

伊拉克人认为，他们饮红茶的风习是从土耳其流传过来的，因为以前伊拉克被奥斯曼土耳其帝国统治过很长的时期，所以受到的影响很深。

如今，茶已成为伊拉克人民的生活必需品，在机关、学校、企事业等单位，还都配有煮茶工，坐在办公室里，只要按一下桌子上的电钮，就会有专门的送茶工为你端上一杯热气腾腾的红茶。在伊拉克的每个家庭里，煮茶是每个主妇的看家本领，主妇们以能煮出一杯好茶为自豪，显得很有教养，为全家人增添了光彩。

在伊拉克的城市和乡镇，到处都有大小不等的茶馆。在机场、宾馆和餐厅，随时都有茶水可以供应。就连在大街小巷，也总可见到身穿长袍、头戴白巾、手提铜茶盘的送茶侍者穿街过巷卖茶的情景。倘若家中有来客访问，主人可在家中或到邻近的茶馆叫茶供饮。其时，有不少主人也喜欢陪客人去茶馆饮茶叙事。

但在伊拉克饮茶，也有一些禁忌，必须引起注意。

这就是伊拉克人禁忌用左手给人奉茶或接物，他们视左手为肮脏之手，认为用肮脏之手来传递食物，实际上是对人的一种污辱。

阿富汗：夏日饮绿茶，冬日喝红茶

阿富汗位于西亚、南亚和中亚交汇处，属大陆性气候，全年干燥少雨，年温差和日温差都非常大，从生态角度讲基本不适宜茶树栽培，自然无法出产茶叶。然而这个国家的人民特别眷顾茶叶这种神奇的东方树叶。为了满足国内人民的茶叶需求，阿富汗从中国进口绿茶，从肯尼亚进口红茶 —— 他们在夏日里饮绿茶，尤其喜爱中国香片茶，在冬日里喝红茶。

二战前，阿富汗在英国和俄国的争夺下艰难求生，后来又沦为美苏争霸的棋子，阿富汗人的生活或多或少受到苏联的影响，在饮茶方面也是如此。不过这种影响并没有非常深刻，阿富汗人热衷饮茶是因为99%的阿富汗人信仰伊斯兰教，而《古兰经》教导他们远离令人失去理智的酒水。加之，在阿富汗人的食谱里，馕、抓饭、牛肉、羊肉、鸡肉、各类奶制品是生活主旋律，而入口的食物以酸、辣、香浓的口感为主。这种饮食习惯显然是营养不均衡的。相较于比较难得到的蔬菜，茶叶既可以补充他们饮食不均衡所缺少的营养，又可以消脂解腻。于是茶叶成为继牛奶后，又一受欢迎的饮料，这种风靡的态势仿佛是一种必然。

阿富汗人清饮绿茶、红茶和少量砖茶，也喝调饮茶。阿富汗农村地区有饮调饮奶茶的，这种调饮茶的制作方法比较奇特：调制时先将茶叶放入沸水中煮几分钟，然后过滤出茶汤。再用一口锅，加入鲜牛奶，用文火熬煮至黏稠，随即将牛奶加入茶汤，撒入适量盐巴，再次煮沸即可饮用。需要注意的是，奶茶浓稠度随各人口味调整，通常加入牛奶的量为茶汤量的四分之一。这种调饮茶喝起来咸滋滋、浓稠稠、香喷喷，让人叫绝。从风味上讲，类似蒙古族咸奶茶。也有不爱咸味爱甜味的，饮茶方式更为新奇。他们往往在手中拿着方糖块，一边饮茶，一边咬糖，糖块在嘴里慢慢释放出甜味，与茶水融合，是非常奇妙的体验。

倘在夏日里，热情好客的阿富汗人会在乡村清真寺旁放置若干张床，无论是谁来到村子，阿富汗人首先做的便是帮客人卸下行李，送上一碗奶茶，在此小憩片刻。

在农村，一碗咸奶茶便是对客人的礼待了，但在城市，阿富汗人招待客人更隆重一些。他们招呼客人围着茶炊"萨玛瓦勒"（这种茶炊一般为圆形，顶部较宽，有一个盖子；而底部较窄，安装了水龙头，中间有烟囱，底下可烧炭，多为铜制。从功能和用途上类似俄罗斯茶炊）而坐。这种茶炊在阿富汗非常普遍，街头巷尾的茶店、茶馆都可见到，在公共场所的"萨玛瓦勒"为方便多人使用，容积较大，可装10千克水；而阿富汗家庭用的，一般容积为1~2千克。主人和客人围着"萨玛瓦勒"，一边煮茶饮茶，一边谈天说地，这样既不失礼，又加深感情，一举两得。

在阿富汗，有"三杯茶"之说。第一杯茶是为远道而来的客人去除旅途疲惫，称之为"止渴茶"；第二杯茶是为传达亲切和善意，愿友谊长存，称之为"友谊茶"；第三杯茶是为表达对客人敬重，称之为"礼节茶"。饮完三杯茶后，倘若还想再饮，那么接下来会有第四杯、第五杯，直至客人示意告谢。按礼节，前三杯茶客人最好能饮完，倘若不愿再饮，则需要用手盖杯示意，以示感谢。

欧洲：饮茶的早期实践者与传播者

　　欧洲位于东半球的西北部，北临北冰洋，西濒大西洋，南临大西洋的属海地中海和黑海，绝大部分地区气候具有温和湿润的特征。由于气候原因，种茶国家不多，无论是茶园面积，还是茶叶产量，在世界五大洲中，都处于无足轻重的位置。但在历史上，从16世纪开始西欧的英国以及从17世纪开始东欧的俄罗斯等不少国家，却是世界茶叶的主要贩运者和传播者。在这一过程中，欧洲国家不但对世界饮茶之风的兴盛起到了推波助澜的作用，而且使本国的人民也深深爱上了茶叶，成为饮茶的早期实践者。

　　欧洲在地理上习惯分为北欧、南欧、西欧、中欧和东欧五个地区。但对饮茶起过重要作用，并在饮茶史占有重要地位的国家，主要分布在东欧和西欧地区。

东欧

　　东欧是指欧洲的东部地区。地理上一般将德国、奥地利、意大利以东至亚欧洲际分界线的区域视作东欧，包括白俄罗斯、爱沙尼亚、拉脱维亚、立陶宛、摩尔多瓦、俄罗斯、乌克兰、罗马尼亚、波兰、捷克、斯洛伐克、匈牙利、保加利亚等众多国家。东欧国家饮茶受俄

18世纪时英国人饮下午茶的情景

当代俄罗斯茶炊（李竹雨 提供）

波茨坦市北郊的中国茶亭，建于1757年

德国式的花茶

19世纪初荷兰商人在检验中国茶

带盖糖碗 德国迈森制造厂 1765年左右

《寝宫之主》托马斯·罗兰森

《茶叶》
威廉·麦格雷戈·帕克斯顿 1909年

意大利罗马茶馆（梁婷玉 摄）

《茶》 马蒂斯

《喝茶女子》 皮埃尔·菲卢尔 1759年

《艾伦》 弗兰克尤金 摄 1909年

《八卦》 乔瓦尼·博尔迪尼 1873年

《喝茶》 19世纪60年代

《音乐学院中的韦斯特法尔家庭》
爱德华·加特纳 1836年

罗斯影响较大，多数国家饮用的茶叶是18世纪20年代以后，由俄罗斯商队传播去的，饮茶历史大多不到400年。现将东欧几个饮茶有代表性的国家，简述如下。

俄罗斯：茶炊煮茶，茶碟喝茶

俄罗斯地处欧亚大陆北部，地跨欧亚两大洲，是世界上面积最大的国家。饮茶历史可以追溯到1638年，当时沙俄使臣瓦西里·斯达尔可夫从蒙古回国，蒙古可汗请瓦西里·斯达尔可夫带去茶叶4普特（1普特等于16.38公斤）赠送给沙皇，从此开启了俄国饮茶的历史，表明俄国人饮茶至少有近400年历史了。所以，在历史上俄国人称茶为"恰伊"，这与中国"茶叶"发音是相一致的，它表明俄国的饮茶之风是由中国传播去的。

1727年，中俄签订《恰克图互市条约》，以恰克图为中心的陆上通商贸易打通后，山西晋商便将茶叶源源不断地通过恰克图输入到俄国，最终使俄国饮茶之风逐渐普及开来。从此，俄国便成了中国茶叶北线对外通道上的最大买主。19世纪开始，俄国人饮茶已从宫廷和贵族走向民间，使饮茶之风很快在全国范围内普及开来，以致当时在俄国许多作品中就有乡间茶会记载。如在俄国著名诗人普希金（1799~1837年）作品中就有乡间茶会内容，表明饮茶已进入城乡每个角落。进入20世纪以来，俄国人不但一日三餐离不开茶，而且还要另加上午茶和下午茶，尤其是下午茶，雷打不动，叙事面谈，茶成了俄国最普及、最大众化的饮料。

但是，不同的民族有着不同的饮茶习俗。俄国人喝茶，与多数中国人不同，饮茶伴以大盘小碟，佐以烤饼、面包、蛋糕、馅饼、饼干、糖块、果酱、蜂蜜等等，权作三餐外的一种垫补，甚至替代了三餐中的一餐。另外，倘有亲朋好友进室，俄罗斯人还把饮茶当成一种交际方式，用饮茶方式达到一种最好的交流和沟通效果。

由于俄国人每天饮茶多达3～5次，终使俄罗斯全国年人均饮茶量达3磅以上。他们在家中饮茶，倘若出门在外，无论是城市还是乡村，不但有类似于中国茶馆之类的喝茶场所，而且在城镇只要有卖食品的商家，就能喝到浓香四溢的热茶。总之，在俄国饮茶的影子无处不在。

俄罗斯人习惯于饮红茶，而且喜欢饮带有甜味的红茶，以致有"无甜不成茶"之习。俄国人沏茶多选用铜质、形似火锅、被称为"萨莫瓦尔"的一种茶炊煮茶。茶炊的外形多种多样，有球形、桶形、瓶形、杯形、罐形，以及一些呈不规则形状的茶炊。但旧式的茶炊中间有一个下放木炭、顶部冒烟的桶，周围是放煮水的锅，锅边还装有一个水龙头。水煮开后，就从龙头放水泡茶。俄罗斯人泡茶后，往往要用一个做成母鸡或俄罗斯大妈形状的套子罩在茶壶上，待茶泡开了再将茶水注入茶杯。如今，工艺精制的传统茶炊已多作珍品被收藏，取而代之的是造型简单的电茶炊，但外表往往饰有斯拉夫民族装饰。另外，在一些重要的民间传统节日，如新年除夕、俄历圣诞节、胜利节，以及特别重要的贵客临门时，主妇们还会取出珍藏着的传统茶炊，边煮茶，边促膝谈心，营造出昔日煮茶的那份情趣来，使人久久难以忘却，使煮茶成为一种文化和情感的享受。

俄罗斯人煮的茶，浓度特别高，饮茶时总得先倒上半杯浓茶；然后加热开水至七八分满；而后再在茶里加入方糖、柠檬片、蜂蜜、牛奶、果酱等，种类和数量各随其便。俄罗斯人饮茶比较讲究，饮茶时还要佐以饼干、奶渣饼、甜点、蛋糕之类。由于生活习惯的不同，俄罗斯用餐，特别注重午餐，但即便是一顿丰盛的午餐，用完后还得上茶，而上茶时茶点还是不能少的，尤其是一种被称为"饮茶饼干"的小点心，必须随茶送上，是不可省略的。

值得一提的是俄罗斯人还喜欢喝一种不加糖而加蜂蜜的甜茶。这种饮茶风习多发生在俄国山地乡村，饮茶时人们喜欢把茶水倒在一个小茶碟中，而不是倒入茶碗或茶杯中，然后将手掌平放，手心上托着一个装有茶水的茶碟。与此同时，再用茶勺送进一口蜂蜜含着。接着，将嘴贴近茶碟吮茶。这种在口中让蜂蜜慢慢融入茶水，自便调节茶水甜度的饮茶方式，俄罗斯人称之为"茶碟喝茶"。不过，也有一些地方用果酱代替蜂蜜，但饮法相同。这种饮茶方法在18~19世纪时的俄国乡村，更为多见。

当代，俄罗斯人的家庭生活中仍离不开茶炊，只是人们更习惯于使用电茶炊烧水，用瓷茶壶泡茶。其用茶量多少，通常根据喝茶人数而定，但俄罗斯人沏的茶往往较浓，通常一人一茶勺。茶被沏泡2~3分钟后，主妇总会给每人杯中倒入适量泡好的浓茶，再从茶炊里加水入杯冲匀而成。而在节日、喜庆的日子，或是老友久别相逢的日子里，俄罗斯人与20世纪时一样，依然习惯于围坐在茶炊四周，饮茶抒怀，渲染气氛。

波兰：我想请你喝杯茶

波兰位于欧洲大陆中部，属温带气候，气候条件不适宜茶树生长。然而，在现实生活之中，波兰却又是一个茶叶消费大国。据2013年统计，茶叶消费量在欧洲仅次于俄罗斯和英国，名列欧洲第三。年人均茶叶消费量在欧洲仅次于爱尔兰、英国与俄罗斯，名列第四。如今，茶叶已经成为波兰人民日常生活中的重要组成部分。近十年来，波兰年茶叶进口量一直保持在3万吨以上。

据载，早在17世纪时，波兰传教士Michat Boym就将茶叶传入波兰，只是当时茶叶并不是作为一种饮料，而是作为一种药物被波兰人认识和接受。在波兰语中，茶的读音既不同于英文的"Tea"，也不同于俄语中的"ЧАЙ"，而是读成与草药(Herb)相接近的"Herbata"，由此可见一斑。到18世纪初，茶叶才在波兰作为饮料被人们利用。虽然开始饮茶的时间比荷兰、俄罗斯等国晚了一个多世纪，但饮茶在波兰的普及速度还是较快的。因为波兰人发现喝茶不但可以解渴，而且对身体健康很有好处。这在很大程度上与波兰人的膳食结构中以奶肉制品类为主，少吃蔬菜有关，这使得茶天生与波兰人民有缘。有鉴于此，在18世纪，波兰几位著名诗人W. 科汉诺夫斯基、卜克拉希茨基、K. 克卢克等的作品中都多处提到过茶，表明饮茶已逐渐从上层走向民间。但18世纪后期至19世纪，由于战争原因，又使波兰饮茶陷入低谷。这种情况直到进入20世纪以后才有改善，于是茶又源源不断进入波兰，使饮茶很快在全国范围内兴起。据统计，从2008年开始，在波兰茶的消费量已超过咖啡。如今，茶已成为波兰人民的"朋友"，波兰人民生活中离不开茶，年人均茶叶消费量已超过1公斤。

波兰人几乎每个家庭都珍藏有茶，最喜欢饮色泽红艳又耐冲泡的红茶，而且还更习惯于选用一次性的袋泡红茶。不过，波兰人饮茶带有明显的俄罗斯色彩，一般多用茶炊泡茶，即用大壶烧开水，用小壶泡浓茶。饮茶时，多崇尚饮牛奶红茶和柠檬红茶，即以红茶为主料，用沸水在壶中冲泡或烹煮成浓茶，再加糖、加牛奶，或者加糖、加柠檬，使之相互混合，制成牛奶红茶或柠檬红茶。只有少数波兰人，平时也有清饮红茶的习惯。

波兰人以饮红茶为主，主要饮的是产自印度、斯里兰卡和肯尼亚的红茶。其次饮的是绿茶，主要产自中国。此外，有少数波兰人，也有饮花茶的习惯，但人数不多。

波兰人很好客，从前凡有客进门，主人便会主动问你，泡茶还是煮咖啡？如今，凡有客进门，以茶饮为主，但冲泡的多是一次性的袋泡茶，所以也没有续水的做法，除非你主动提出，那么就得重新泡茶。由于茶文化已渗透到波兰人的生活之中，在民间有事相邀，波兰人也会用"我想请你喝杯茶"，用以代替"我有事和你商量"。

西欧

西欧位于欧洲西半部，主要是指英国、爱尔兰、荷兰、比利时、卢森堡、法国、德国等国家。饮茶风俗主要是在17世纪以后，由葡萄牙、荷兰，特别是英国传播去的，所以饮茶风习也是受英国影响最深，普遍喜欢饮茶，尤其崇尚红茶，并都有饮下午茶的习俗。

英国：下午茶文化造就"绅士风度"

英国，全称大不列颠及北爱尔兰联合王国，是位于西欧的一个岛国，是由大不列颠岛上的英格兰、苏格兰、威尔士以及爱尔兰岛东北部的北爱尔兰共同组成的一个联邦制岛国。

英国饮茶历史久远，早在1603年，英国在爪哇万丹设立万丹东印度公司，旅居于此的英国人和海员受当地华人、葡萄牙人的影响，开始饮用中国茶，并将其带回英国本土馈赠亲友，饮茶之风由此传播到英国。1637年，英国东印度公司航船首次到达广州珠江口，运载茶叶112磅回国，这是英国开始直接从中国贩运茶叶之始。1657年，英国伦敦的加仑威咖啡屋首次开始对普通民众出售中国茶，这是英国史上第一家茶店。1658年，英国伦敦《政治公报Tatter周刊》登载一则广告："中国茶是一切医士推荐赞赏的优良饮料，在伦敦皇家交易所附近的苏丹王妃咖啡店内有货出售。"这是西方国家宣传中国茶的最早广告。表明英国人民对茶的认识，并不以其饮用价值开始，而是以药用价值为先导的。

1662年，葡萄牙公主凯瑟琳嫁给英国查理二世，饮茶之风从此传入英国宫廷。据载，这位新王后的陪嫁中，就有中国茶具和茶叶。而这位公主是茶的狂热爱好者，她还把茶作为高级饮料用于招待皇室贵族。而后，一大批贵族女性也感受到了茶的魅力，纷纷效仿王后的举动。于是，茶便开始跻身各个上流社会的舞会和聚会。到17世纪末，茶已经是英国贵族日常生活中的普通饮料之一，但这仅限于上流社会。对于普通民众来说，茶作为舶来品，由于价格高，依然是一种高档消费品，无法在全英普及开来。

英国迎来光荣革命（指1688年英国资产阶级和新贵族发动的推翻詹姆士二世统治的非暴力政变）后，出现了一位中国茶的狂热推崇者，她就是英国女王安妮。在女王的推动下，饮茶风习继续在上层社会中得到快速发展。18世纪初，商人们看到了茶带来的巨额利润，于是开始大肆进口中国茶叶，这一举动导致英国出现茶叶供大于求的情况，茶价开始下跌。1705年，绿茶售价是每磅16先令，红茶每磅30先令，与17世纪六七十年代相比，降低了一半左右，茶终于走下神坛开始进入中产家庭。18世纪中后期，英国政府降低茶叶进口税率，这一举动又极大地刺激了茶叶消费。之后，茶叶的售价维持在每磅4~5先令。这个价格，即使是下层劳动人民也能负担得起。茶给了在工业革命下劳动强度激增的劳动大众以极大的精神和物质安慰，终于成为百姓日常生活中的必需品之一。从此以后，茶开始真正进入英国，成为英国文化的一部分，随着饮茶方式不断改善，更是形成了享誉世界的下午茶文化。

英国人喜饮红茶，一是由于当地水质偏碱性，能使泡出来的红茶变得更加醇厚；二是在茶进入英国之前，酒占据着饮料的重要地位，但饮酒易醉，茶却完全没有这个担忧。这也是英国人迅速接受茶叶的重要原因。英国人对茶有着非比寻常的热情，就连什么时候喝茶，喝什么茶，喝茶时配什么点心，都有自己独到的见解。

英式红茶饮茶名目繁多，内容丰富，但主要可分为英式早茶、英式上午茶、英式下午茶、英式晚餐茶。

英式早茶，又叫"开眼茶"，早上起床后饮用。早茶以红茶为主，最正统的早茶是由40%的锡兰茶、30%肯尼亚茶、30%阿萨姆茶调制而成。这种红茶集合了锡兰的口感、阿萨姆的浓度、肯尼亚的色泽，对饮茶者来说，可以感受到味觉、视觉和嗅觉的三重享受。若家中有客人时，清晨主人总会为客人准备一杯浓茶。即使是在最廉价的小旅馆里，也会给客人准备一把电热水壶，供客人烧制茶饮。英国人还专门发明出一种叫"茶婆子"的茶具，为泡早茶做准备。可见英国人对早茶的重视程度。到中午十一点左右，上午茶的时间到了，工作间隙，饮茶是一种很好的调剂和休闲。由于时间特殊，上午茶通常都较为简便。

"当时钟敲响四下时，世上的一切瞬间因茶而停止。"在下午四点左右，到了下午茶的时间。英国人非常重视下午茶，下午茶时间，"天大的事都得放一放"。其实下午茶的由来是一种偶然。18世纪末时，英国还没有下午茶文化。因为午饭和晚饭之间间隔过长，贝尔福德公爵的夫人时常感到饥饿，于是她就在下午五点左右饮茶，还会搭配上精致的点心。善于社交的公爵夫人还经常邀请客人一起聚会谈天。到19世纪，又出现了一位热爱饮茶的公爵夫人 —— 安娜，她也因饥饿而命仆人在下午三四点时为其准备红茶和糕点。随后，饮下午茶的人群渐广，下午茶这一风习也在各阶层人士的推动下逐渐形成。下午茶时间一到，英国的公私企业、商场、机关等公共场所都有规定休息，并且提供免费红茶。当时上流社会的女性借助下午茶时间聚在一起，与朋友聊聊社会新闻、流行风尚。下午茶的出现为女性的社交提供了一种崭新的方式，女性也借由冲泡茶的技巧等展示自己的优雅和品位,彰显自己的身份,从某一侧面来说也提高了女性的地位。女性是茶在英国的忠实拥护者,也是茶风靡英国的最有力推动者,就连将大英帝国带入鼎盛时期的维多利亚女王都没能抵挡茶的魅力。女王认为茶可以很好地缓解压力,也是精致生活的代表,现在人们提及的传统英式下午茶的专有名词就是"正统英式维多利亚下午茶"。

正统的英式下午茶非常讲究,也很细致。茶室自是最好的聚会场所,而茶具和茶叶需是最高等级的。还得有三层的点心瓷盘,下午茶时间,这个瓷盘中会放上新鲜的食物,从上到下大致有三层:通常最上层是蛋糕、水果塔及一些小点心;中层是传统英式松饼和培根卷等;下层是三明治和手工饼干。食用的顺序也一般是从上到下,以达到味觉的由淡至浓的顺序。在食用过程中,主人还会播放一些优雅的古典音乐为背景,以此来营造出轻松、优雅,而又惬意的下午茶时光。若从严格时间上划分,英国人还有一个英式晚餐茶。傍晚六七点,晚餐进行时,人们会将茶与晚餐一同饮食,此时茶的佐料变成面包、鱼肉等。晚餐茶的关注度虽然不似下午茶那么高,但对于茶的高密度饮用,充分说明了茶在英国人民日常生活中不可动摇的地位。

饮茶改变了英国人的饮食结构。1711年,英国文艺评论家爱迪生说："生活有规律的家庭，每日的早餐都是用一个小时的时间吃黄油面包、喝茶。"1755年，一位来英国旅行的意大利人写道："即使是最普通的女仆每天也必须喝两次茶以显示身份。"1797年，英国人艾登也提到："只要在乡下我们就可以看到农民都在喝茶，他们不但是上午、晚间喝茶，就是中午也习惯以茶佐餐。"对于在工业革命下，身心都遭受巨大变革的人们来说，茶是他们体力的重要保障。茶本身所具有的健胃、提神、清热等保健功能，保证了他们的健康，使他们能够更好地投身于工业革命的洪流中。

不仅如此，茶还在一定程度上推动了英国男女平等的进程。原先茶室是不允许女士进入的，但是这一情况在1717年出现了改变，第一家对女士开放的"金狮咖啡茶屋"出现了。在这之后，茶室纷纷开始对女性开放，而后成了单身女子会晤好友的正当场所。而维多利亚女王对茶的情有独钟，也使得大批女性对茶趋之若鹜。在维多利亚时期，女性成了茶会的主宰。从茶室的布置到泡茶的技艺，无不体现着女主人的教养和风格。这也是英国下午茶文化又被称为"淑女茶文化"的重要原因。随着民主化进程的进一步发展，女性不再满足于局限在茶的冲泡技艺上，她们开始参与到茶的贸易中去，使贩茶成为女性谋生的一种正当途径。玛丽·图克就是女茶商中的杰出代表，她一生都致力于茶叶贸易，而且颇有成就。女性在经济上可以独立，社会地位自然得到了提高。而又因为下午茶文化已经融入英国文化中，成为不可剥离的一环，身为其中主导者的女性，地位也进一步得到了肯定。英国茶文化处处体现出对女性的尊重，这一舒缓典雅，又可陶冶心性的活动，造就了享誉世界的英国"绅士风度"。茶会造就了绅士们彬彬有礼的举止，且没有单单停留在茶会上，还表现在生活的方方面面。他们尊重女性，时刻保持谦逊和礼貌，淡然处世，文质彬彬。这一特有的英国绅士文化，尤其是对女性的礼貌和尊重，备受世人的认同和赞扬，至今仍为世人赞叹不已。

荷兰：引茶入欧的先驱

荷兰是将茶引入欧洲的先驱，为茶在欧洲的传播立下汗马劳。也正因为如此，才造就了欧洲两个饮茶大国，即英国和俄罗斯。其实，荷兰自身也是一个离不开茶的国家，近十年来，荷兰人均年茶叶消费量一直保持在800克左右。

随着新航路的开通，1517年葡萄牙商船成群结队来到中国，要求开通两国贸易，茶的对外贸易也由此展开。葡萄牙人先将茶叶等商品运至首都里斯本，然后由荷兰商队运送到欧洲各国。虽然葡萄牙是欧洲最先接触到中国茶的国家，但并未意识到茶的价值，这也使得他们错失了将茶传播至欧洲的机会。据载，早期中葡两国合作良好，但荷兰的异军突起，直接导致了这种友好同盟的破裂。于是，晋升为"海上马车夫"的荷兰取代葡萄牙，拿到新的海上霸主权。荷兰人于1596年到达爪哇，随后在爪哇建立起东方产品转运中心。1602年，荷兰颁布法令，批准阿姆斯特丹、豪恩等六个城市的商人将各自设立的公司联合为东印度公司，并令"十二绅士"作为最高管理层。荷兰东印度公司成立后，在荷兰贸易中发挥着举足轻重的作用。大约从1610年起，荷兰率先将中国茶销往欧洲，随后在利益的推动下，中国茶开始源源不断输往欧洲各国。

荷兰人不但贩茶，而且爱茶。但在17世纪初期，由于茶的昂贵价格和作为舶来品的身份，使茶的爱好者多集中于上层社会，普通民众无力承担。1635年，一场围绕茶的风潮轰轰烈烈地进行着。此次风潮中，以饮茶是否有益身体健康为界限，人们分为了两个阵营，参与人员的广度也是空前的，既有医学人士，也有教会人士，甚至还包括了众多不同领域的知识分子。1649年荷兰莱德大学教授内利乌斯·博特科伊写了《茶、咖啡和巧克力》一文，阐述了饮茶的好处，使饮茶风尚得以广泛传播。法国大主教马萨林以通过饮茶治愈自己痛风病的事实，阐述了饮茶的益处。青年医生M.克雷西在研究痛风病与茶的关系后，提交了一篇洋洋洒洒的论文，详细论证了饮茶的疗效。这一论文的发表，进一步助推了茶的传播，消除了欧洲人对茶半信半疑的态度，开始更加主动地接受茶，享受饮茶带来的乐趣。

荷兰人不仅将茶传遍欧洲，自己也进口茶，以满足民众对茶的需求。随着茶叶的大量进口，以及对茶的认识的进一步加深，再加上茶叶价格的走低，17世纪70年代开始，茶叶终于走下神坛，荷兰的食品商店、杂货店等也开始出售茶叶，这一时期，荷兰的饮茶已经到了全民普及的程度。中国的茶室、茶馆也在这一时期传入荷兰，于是，一些富人甚至建造了专门的茶室，以茶为主的茶室、茶座也逐渐发展起来。饮茶还带动和激发了主妇们的热情，使女人们热衷饮茶，她们组织饮茶俱乐部，甚至将啤酒厅改作饮茶聚会的场所。1679年，彭德科的《茶叶美谈》在荷兰海牙出版，劝人每日饮茶，并介绍自己也经常饮茶。同年，荷兰的《跳舞小曲》中也对茶的药用价值进行讴歌。同英法相似，妇女们对推动饮茶发展起着重要作用，她们是茶会的"主宰者"，大约下午两点以后，她们会从自己珍爱的小瓷茶盒中取出茶叶，放入小瓷茶壶，这种茶壶都有独立的滤器，等客人选好心仪的茶叶后，将茶倒入小杯。如果有客人喜欢调饮，女主人就会先用小红壶浸泡番红花，再用稍大的杯子盛较少的茶液，方便客人自行调配。另外，饮茶时必然会发出"啧啧"声，作品味态，用来表示对女主人高超茶艺的赞赏。富人在茶室饮茶，穷人则会到啤酒店饮茶，无论在咖啡店、饭店，还是在多数酒吧内均可饮茶。女人们对茶表现出了极大的痴迷，她们情愿放弃家庭其他聚会，终日沉醉于饮茶活动之中，忽视家庭主妇的家务事。1701年，荷兰上演的喜剧《茶迷贵妇人》，充分展示了上层贵族女子对茶及茶事活动的热衷，这是当时饮茶在荷兰社会中具体而又生动的表现；同时，也进一步推动了饮茶在荷兰的发展进程。值得一提的是，这部喜剧中纷繁的饮茶步骤，其实就是日后下午茶的雏形。上层社会对茶的热忱，也引起下层人民的向往，其时饮茶热潮席卷整个荷兰。

随着人们对茶的接受程度渐高，欧洲人民对茶的需求也日渐高涨，这也推动茶叶贸易的稳步发展和日益壮大。

而今，荷兰的饮茶热虽然已不像先前那么风靡，但饮茶已经渗透到荷兰人的日常生活之中，使之形成一种风俗。咖啡馆、饭店等大多数公共场合都会提供茶饮，全国约有40%的男性也会在众多饮料中选择一杯茶来度过自己的闲暇时光。特别是在许多家庭中开始兴起饮早茶、午茶和晚茶的风气。他们不仅在茶品质上有较高要求，而且对待茶礼仪也极为讲究，形成了一套极为严谨的礼节。但荷兰人饮茶，大多喜爱在茶中加入糖、牛奶或柠檬。

在荷兰人的饮茶文化中，既包含有东方的谦逊美德，又具有西方的浪漫风情，将东西方的文化精神在饮茶过程中得以完美地融合。

法国：茶香弥漫的浪漫国度

法国历来以浪漫享誉全球，也是一个茶香弥漫的国家。1636年，有"海上马车夫"之称的荷兰人将茶带入法国人的视野。因此，法语中"茶"的发音（The）与荷兰语中"茶"的发音（Thee）几乎是一样的，都来自中国福建闽南语"茶"的发音。但在茶传入法国的初期，便引发了一场大讨论的热潮——饮茶究竟是好还是坏？如17世纪中期，法国神父亚历山大·德·科侯德斯在所著的《传教士旅行记》中载："中国人之健康与长寿，当归功于茶，此乃东方常用之饮品。"1657年前后，教育家塞奎埃等人也极力推荐饮茶有益于身体健康。接着在1685年，菲利普·西尔维斯特·杜福尔出版了第一本论述法国茶文化的书《关于咖啡、茶与巧克力的新奇论文》。很快，饮茶有利于身体健康的观点获胜，并广为贵族阶层所接受。路易十四的教父利用饮茶来缓解自己的痛风病，这也为路易十四对茶的认可奠定了基础。于是，茶开始被认为是"长生妙药"。路易十四时期的历史学家德塞维涅夫人（Madame de Sevigne）便经常在作品中提到喝茶。她曾经提到塔兰托（Tarente）公主每天喝12杯茶，于是她所有的病痛都痊愈了。还说：塔兰托公主告诉她，德兰德格拉弗伯爵（Monsieur de Landgrave）先生每天早上都要喝40杯茶，他的太太本来快要死了，因为和先生一样大量饮茶，所以又活了过来。贵族对茶的推崇，带动了普通民众对茶的向往和钟情。于是，与英国一样，一场自上而下的饮茶之风悄然兴起。在这一时期，法国茶文化虽已具雏形，但仍以茶的药用价值为主，饮用价值并未被完全开发出来。

到17世纪后期，茶开始在法国咖啡馆出售，正式进入中产阶级的视野。文人们也以茶为对象从事文学创作活动。1709年，休忒（Pierre Daniel Huet）在巴黎发表一篇茶的诗文，并用悲歌的诗句咏饮茶的感受。大文豪巴尔扎克常在家中宴请同事，以茶会友，研讨和深究学问，誉称为"茶杯精神"。1712年，法国文学家蒙忒（Peter Antoine Mitteyx）作《茶颂》赞美道："茶必继酒兮，犹战之终以和平。群饮彼茶兮，实神人之甘露。"

法国国立自然博物馆的乔治·梅塔耶馆长在《法国饮茶史》中写道："随着法国大革命的到来，再加上咖啡与朗姆酒调配在一起具有很大的优点，清茶一杯似乎已不再受青睐。"后来，随着人们对饮茶认识的不断加深，调饮红茶的方式开始出现。18世纪初，德拉布利埃侯爵夫人（Marquise de la Sabliere）开始尝试往茶中添加牛奶的喝茶方法，而这种饮茶方法收到不错的效果，红茶的醇厚滋味加上牛奶的细腻口感，两者相融，相得益彰，使人有心旷神怡之感。

至18世纪时，动荡不安的时局曾使法国茶文化一度走向低迷，但法国大革命（1789~1830年）结束后，饮茶之风又渐渐回暖，并开始走进平民生活。

法国大革命后，由于皇权颠覆，原先的贵族阶级不复存在，资产阶级走上统治舞台，他们对茶有新的理解，茶的贵族饮料身份自然也难以为继。由此，茶逐渐成为平民百姓生活的一部分，常常现身于许多社交场合，人们争先饮茶，使自己保持活力、振奋精神。然而19世纪前期，一场全球性的霍乱席卷欧洲，由于对人们饮用水的顾忌，使饮茶再一次陷入低迷状态。但茶的魅力和风情依旧，待霍乱平静后饮茶之风又重新回暖，直至超越过去。

到19世纪中期，法国的餐馆、咖啡馆等都开始供应茶水。由于法国人追求浪漫的生活方法，把饮茶看作是一项富有团结和友谊精神的活动，于是就导致了法国茶馆的兴盛。法国人根据自己的文化和爱好，全方位地利用饮茶带来的享受，极大地丰富了饮茶的内涵，将饮茶与浪漫结合起来，浸润在日常生活之中。但与英国不同，法国人原先并不重视下午茶，直到进入20世纪后才有所改观。特别是随着工业化进程的加快，法国人的生活节奏随之加速，晚餐时间推迟，在这一契机下，下午茶在法国也就很快流行开来。20世纪60年代以后，饮茶文化在法国开始快速发展，开始融入人民生活的方方面面，成为日常生活中不可或缺的一部分。但由于法国本国不产茶，为了满足法国人对茶的需求，只得依赖茶叶进口贸易来解决问题。

法国人的饮茶方式带有多元化的特点，不同种类的茶有不同的品饮方式。法国人就总体而言，以饮红茶为主。饮茶方式与英国相似，通常采用冲泡或烹煮法，用沸水将红茶泡开后，辅以糖、牛奶调味，要求浓香醇厚；有的还会选择在茶中打入新鲜鸡蛋，再加糖冲饮，既营养又美味；还有一种非常具有法国特色的饮茶方法，那就是将茶与酒混合做成的潘趣酒。潘趣酒（Punch）一般认为诞生于法属西印度群岛，最初流行于英国，于18世纪传入法国。这种茶酒相融的饮品受到许多法国人的追捧。

法国人除了饮红茶，也饮绿茶，他们对绿茶的质量要求很高，绿茶的品饮方式如同西非，往往在茶汤中加入方糖和鲜薄荷叶，它不但富有甜蜜的滋味，而且还有清凉之感。另外，因沱茶具有养生的药理功能，也受到法国中年人的重视，自20世纪80年代以来，法国人的饮茶类型从红茶、绿茶、沱茶开始，还拓展到了花茶。花茶的饮用方式与中国相似，直接用沸水冲泡，不加佐料，品的是花香茶味。

法国人饮茶的方式，也寄托着法国人的一种特有情怀，他们认为饮茶是一种浪漫的生活，是一种精神、物质和文化的三重享受，而人的爱好是多种多样的，因此饮茶方式多元化便成了法国人饮茶有别于欧洲其他国家而自成一体的一大特点。

爱尔兰："一壶金茶"不可缺

爱尔兰饮茶习俗形成晚于英国，是1830年后逐渐形成的。最初，茶在爱尔兰是一种高档奢侈品。后来随着茶的逐渐普及，开始由上层贵族阶层走向平民化，普通百姓也离不开茶了。至1860年前后，爱尔兰人几乎家家户户都备有茶具，都已养成饮茶的习惯。根据美国学者威廉·乌克斯《茶叶全书》记载：在1925年的第一次统计中发现，爱尔兰人均年茶叶消费量高达8磅之多。近年来，爱尔兰人的人均年茶叶消费量一直稳居世界前三，甚至超过西欧的英、法等国，是当之无愧的饮茶消费大国。

爱尔兰的饮茶习俗在很大程度上受英国影响，从饮茶的礼仪，到饮茶的时间等都有英国的影子。早先爱尔兰贵族在聚会中也饮茶，主要用于交流感情，因为茶能在人们交流感到疲倦时起到很好的缓冲作用。很快茶的这一功能得到了爱尔兰人的广泛接受，茶的传播范围也广阔起来。以后，随着茶叶价格降低，普通的爱尔兰人也有能力消费茶叶了，他们用鸡蛋和黄油从杂货铺内换取茶叶，带回家中饮用，遂使饮茶在全国范围内逐渐普及开来。

爱尔兰人喜欢饮红茶，且多为调饮。由锡兰红茶和印度阿萨姆红茶拼配的红茶是爱尔兰人的最爱。爱尔兰人认为这种拼配的红茶调制而成的奶茶，可以将红茶的浓醇和奶的顺滑口感很好地结合起来，使人有心旷神怡之感。不过近年来，爱尔兰人也用肯尼亚的红茶与阿萨姆红茶进行拼配。认为肯尼亚茶产地的地势较高，一般没有虫害，不用或少有农药，天然有机，色泽鲜艳，以致它逐渐成为爱尔兰人的心爱之茶。

在爱尔兰，好的茶常常被称为"一壶金茶"。他们习惯于一天喝三次茶：早茶是与早点结合进行的，认为一杯早茶，可以起到提神醒脑的作用，比喝咖啡更有营养，还有使人陶醉的茶香弥漫整个屋子。下午茶是在下午3~5点进行，并佐以果品和糕点，认为在这个时间段用这种方式喝茶，能让人在一天疲惫的工作中得到能量的补充；同时，悠闲的下午茶时光能让人得到片刻小憩，一杯香浓的茶，搭配风味不同的小糕点，可有效防止出现过度饥饿、过度劳累的情况，也为人们一天的辛苦工作起到很好的缓冲作用。晚餐时往往还会有一道"高茶"。高茶其实就是普通百姓的茶，与贵族的下午茶不同，与"高茶"搭配的，通常是一系列可以充饥的食品，而喝茶可以帮助消化，润湿喉咙，实是两全其美。

茶，在爱尔兰人生活中占据着重要地位，还与爱尔兰人的"守灵"传统习俗有关。爱尔兰人一旦家中有人去世，家人和朋友要为其守灵，直到次日天明。而这一夜，炉上一定要持续煮水，热茶是不能停顿的，这也充分表明了茶在爱尔兰人民心目中的地位和作用。

德国：冲淋沏茶别有情趣

德国位于欧洲中部，以温带气候为主，温度偏低，所以本国不产茶，但人民喜好饮茶。1657年，茶叶首先出现在德国的一家药店里，但其时除东弗里西亚（今下萨克森）地区之外，没有赢得太多德国人的注意。尽管如此，饮茶健身之声在不少德国人心目中无法抹去，1757年还在波茨坦市北郊建了一座中国茶亭，以示对茶的向往。如此，直到19世纪中期开始，饮茶才逐渐在德国普及开来。加之德国人传统爱吃肉食制品，有少吃蔬菜的习惯，不利于人体对营养的吸收。而茶既能补充营养，又能促进消化，还有助于改善和丰富人体对营养的吸收，于是茶才逐渐成为德国人的生活饮料。如今，德国人年人均饮茶量已达700克左右，在欧洲名列第五。

德国饮的茶叶品种较多，市场能见到的有红茶、绿茶、花茶、果味茶等多种品类，但就全国范围而言，饮得较多的是红茶。

饮红茶，在德国被称为"饮德国茶"。德国人饮红茶的方式主要有两种：有清饮的，也有加牛奶调饮的，而以饮加有牛奶和糖的调饮红茶为主。德国人饮绿茶，则以清饮为主，少数也有饮薄荷绿茶、柠檬绿茶、枸杞绿茶等。此外，德国人还喜欢饮花茶和果味茶，其实这是一种广泛意义上的代用茶，它虽有真实意义上的花或果，但无真正意义上的茶叶。比如，在德国产的花茶，不是用茉莉花、玉兰花、米兰花、玳玳花等花朵窨制而成的茶，而是用各种花瓣，或者再加上苹果、山楂等果干制作成的，其实里面一片茶叶也没有，实是有花（果）无茶的"茶"。在中国，花茶讲究花之香远、茶之醇厚，而在德国，花茶追求的是花瓣之真实。另外，德国饮花茶时还需加放糖，他们认为，花香太盛，有股涩酸味，加糖后，能使口味变得更加醇美。

德国产的花茶和果茶的花式品种很多，能适合各种人群：用茴香制作而成的茴香茶，认为有调节肠胃、帮助消化的作用；用薄荷制作而成的薄荷茶，是嗓子沙哑和疼痛时的良方；用生姜制作而成的姜茶，能起到去湿暖胃的作用；用百里香制作而成的百里香茶，对喉咙疼痛具有良好的治疗效果；用菊花制作而成的菊花茶，能有效地对抗胃疼和消化不良；用枸杞制作而成的枸杞茶，能使人眼明清亮，等等，可谓名目繁多。

此外，还有针对小孩调制而成的具有调理肠胃、安神宁静作用的儿童茶，针对女性孕期和哺乳期时夜间安神调养的妈妈茶，还有针对老年人疏通筋络、补充气血的养生茶等。

至于在天气寒冷的季节，最受欢迎的是各种水果茶。德国人认为水果茶甜酸适口，能在寒冷季节里补充各种维生素，而冬季又缺少时鲜果蔬，所以水果茶自然受到大家的厚爱。

总之，德国人饮茶的品类较多，通常依人的体质和爱好而定，但德国人沏茶方式很奇特，有别于他国。德国人饮的茶并不是沏泡的，而是用过滤网斗冲淋出来的。饮茶时，他们先将茶叶放在细密的金属筛网斗上，再不断地用沸水冲淋茶叶，而冲下的茶水通过安装于筛网斗下的漏斗流到茶壶内，然后将筛网中茶叶倒去，用壶中盛接的茶水调味饮用。与东方人饮的茶相比，德国人所饮之茶的滋味往往清淡。这种冲茶饮茶之法，为德国人所独有，但富含情趣。

如今，德国人饮茶更趋多样化，并正在饮茶与喝咖啡之间寻找新的平衡点。

南欧

南欧位于欧洲南部，包括西班牙、葡萄牙、意大利、希腊、马耳他、斯洛文尼亚、克罗地亚、阿尔巴尼亚、罗马尼亚、保加利亚、塞尔维亚、黑山、马其顿等近20个国家。其地大多数国家属地中海气候，降雨量比较少，为欧洲最炎热地区。南欧的北部与西欧接壤，所以饮茶之风尽管没有西欧那样浓重，但饮茶文化明显带有西欧印痕，喜饮调饮红茶，较多的人习惯于饮下午茶。同时，又隔着地中海与亚洲、非洲相望，所以自古以来与西亚、北非诸多国家往来密切，也因此受到北非饮茶影响，不少地方也有饮清凉绿茶的做法。此外，当地还有崇尚饮花草茶和果味茶的。总之，南欧饮茶有着多元化发展的趋向。下面，选择几个饮茶有代表性的国家，简介如下。

意大利：饮茶文化风头正劲

意大利位于欧洲南部，有着悠久的历史、灿烂的文化、雄伟的建筑，更是著名的"美食王国"。而且还特别热衷于喝富有各种变化的浓咖啡，如比平时更浓的咖啡有Caffe Ristretto，萃取咖啡有Caffe Lungo，较淡的咖啡有Caffe Americano，甚至还有加酒的咖啡。

意大利是欧洲最早饮茶的国家之一。据载早在1582年，意大利天主教传教士利玛窦(1552~1610年)来华传教，并于1601年定居北京，晚年和比利时人金尼阁合著《利玛窦中国札记》，该书后在荷兰出版。在《中华帝国富饶及其物产》一节中，向西方详细介绍了中国茶的性状、制作与功能，以及饮茶风习等，对茶传播到西方起了很大作用。1588年意大利另一位传教士G.马菲在佛罗伦萨出版《印度史》，书中引用了传教士阿美达《茶叶摘记》中的材料，向读者介绍了中国茶叶、泡茶的方法以及茶的疗效等内容。

另据史籍记载：清康熙三年（1664年）时，西洋意大里亚国（指今意大利）教化王伯纳第多次派遣使节，奉表向清政府进贡方物。清政府在回赠的礼品中，就有貂皮、人参、瓷器、芽茶等物，表明至迟在17世纪中期，中国茶叶通过馈赠方式已流传到意大利。又如，清康熙四十四年（1705年）和五十九年（1720年）时，意大利罗马教皇格勒门第十二曾经两次派遣使节来华。这些使节回国时，清政府也以礼相待，康熙皇帝回赠给教王的礼品中，就有茶叶和茶具。尽管如此，长期以来意大利人依然大多嗜好咖啡。这种情况直到20世纪80年代开始才有了改变。如今的意大利人饮茶，一般说来，在上层社会以饮调味甜奶红茶为主，而对普通大众而言，更喜爱饮有调味的果味茶和花草茶，至于机关单位、厂矿企业，更倾向于饮冲泡简便的袋包茶。意大利人早年饮茶的茶具则出自中国，是从中国定制后运输去的。

另外，在一些大中城市，还涌现出了不少茶叶专卖店和专门用来饮茶的茶馆。如今的茶馆，已成为意大利商家洽谈、游人休闲、朋友叙谊的好处去。

此外，值得一提的是2005年成立的意大利茶文化协会，会长查立伟先生为意大利所有有志于探究茶文化的人士架起一座沟通探讨的平台，协会进而还在意大利率先开辟了全国第一块茶园，专门用来推广茶文化。现在，在意大利饮茶文化风头正劲，尤其是中青年人群对茶的兴趣渐浓。茶作为一种健康饮品，将会得到越来越多意大利人的青睐。

葡萄牙：海路贩运中国茶的先行者

葡萄牙位于欧洲西南部。16世纪开始，葡萄牙在大航海时代中扮演着最活跃的角色，成为重要的海上强国。在历史上，葡萄牙也是最早从海路将中国茶贩运到欧美各地的先行者，饮茶有500年以上历史。据载：1514年后，葡萄牙的航海家到达了远东的中国和日本。1516年，葡萄牙商人以明代郑和"七下西洋"开通的马来半岛的麻刺甲（今马来西亚马六甲）为据地，率先来到中国进行包括茶叶在内的贸易活动。从此，打开了中国海上茶叶贸易的门户。1556年，葡萄牙传教士加斯帕尔·达·克鲁兹来到中国，回葡萄牙后出版了《广州记述》一书，书中介绍中国人当"欢迎他们所尊重的宾客时"总是递给客人"一个干净的盘子，上面端放着一只瓷器杯子……喝着他们称之为一种'Cha'的热水"，还说这种饮料"颜色微红，颇有医疗价值"。克鲁兹可谓是将中国茶礼、茶器、茶效介绍给西方的第一人，也是将"Cha"这一读音带到欧洲的第一人。1662

年，葡萄牙凯瑟琳公主远嫁英国，她虽然没有为丈夫查理二世带来更多荣耀和大量财富，却带来了在葡萄牙已经流行开来的中国茶叶。由此可见，葡萄牙在欧美各国的饮茶史上，具有捷足先登的地位。但从18世纪中期开始，由于葡萄牙遭受地震灾难且大英帝国和法兰西帝国崛起，在政治、经济上逐渐为英、法等国所左右。因此，饮茶之风也深受西欧影响，尤其喜爱饮牛奶加糖的调味红茶，还特别重视下午茶。

葡萄牙人喜饮下午茶，但受当地饮食习惯的影响，所以特别重视下午茶茶点的配置，饮下午茶时茶点不下二三十种。至于茶点种类也很多，诸如蛋糕、饼干、蛋挞、松饼、茶塔、布丁、水果等都有。而且茶点种类的花色品种更是五花八门，如蛋糕有葡式蛋糕、国王蛋糕、奶油蛋糕、椰子香蕉蛋糕、杏仁蛋糕、巧克力蛋糕、黄油杏仁蛋糕等；蛋挞有稀味蛋挞、葡式蛋挞等；松饼等有茶叶培根松饼、坚果松饼、蔓越莓松饼等；茶塔有草莓果茶塔、柠檬果茶塔等；饼干有香草茶叶饼干、蔓越莓饼干、绿茶饼干、香草饼干等；此外，还有各色布丁和时令鲜果等相配。

如今，葡萄牙人除了喜欢饮调味红茶外，还有不少人喜欢饮花草茶和果味茶，这些茶尤其受到女性饮茶者的欢迎。

此外，在高温季节，也有人喜欢选饮具有清凉感的薄荷甜绿茶、柠檬甜绿茶等。总之，与过去相比，当今的葡萄牙人饮茶，更加趋向多样化。

西班牙：茶与酒并存相融

西班牙位于欧洲西南，西邻葡萄牙，北濒比斯开湾，东北部与法国和安道尔接壤，南隔直布罗陀海峡与非洲的摩洛哥相望。在近代史上，西班牙是一个重要的文化发源地，在文艺复兴时期是欧洲最强大的国家之一，特别是1492年哥伦布发现美洲新大陆后，西班牙逐渐成为海上强国，直至16世纪末期时，西班牙成为影响全球的帝国。如今，西班牙畜牧业发达，猪肉、羊肉产量居欧盟第二位，海鲜产量居欧盟首位，四时果蔬占欧盟总出口量的三成。有鉴于此，西班牙有美食家的天堂之誉。

西班牙民风奔放热情，当地人喜爱饮葡萄酒，但也喜欢饮茶，认为茶是最有健康价值的植物。西班牙人认为茶与酒是可以并存的，也是可以相融的。因此，西班牙人有时在饮茶时，还会在茶水中加入一些葡萄酒。同时，西班牙也是一个浪漫的民族，很多人还喜欢饮掺入花果的茶，品种五花八门。他们认为花果茶，不但汤色异彩缤纷，滋味美妙无比，而且营养更加丰富，在此人们总可以找到适合自己的茶叶。所以，在西班牙茶铺，不但茶类的品种多，而且每种茶的花式也多。

另外，在西班牙的一些大中城市以及上层社会人士间，也有不少为了显示自己的风雅，崇尚饮调味甜奶茶的，饮下午茶的风习也时有所见。

北欧

北欧通常是指欧洲北部地区，包括挪威、瑞典、芬兰、丹麦和冰岛五个国家，以及实行内部自治的法罗群岛。北欧绝大部分地区属于温带大陆性气候，冬季漫长，气温较低；夏季短暂，天气凉爽。特别是冰岛、挪威北部更属于寒带气候，所以不适宜种茶，没有茶叶生产。但是，北欧五国人民崇尚饮茶，茶叶全靠进口解决。由于北欧早先饮的茶，主要是由西欧国家，特别是由英国贩运过来的，所以饮茶风俗与西欧类同，大多喜欢饮红茶。只是由于北欧五国人民吃得健康，蔬菜一般是生吃或煮熟后撒点盐就吃。在日常生活中，土豆是他们的主食，如米饭一般；牛羊排煎一煎，就是一顿晚餐。至于午餐，吃点面包片，上面放点火腿片、黄瓜或果酱之类就是了。此外，北欧人喜欢吃甜食，尤其是芬兰人，能有多甜就多甜，一块蛋糕可以放上其他国家糕点好几倍的糖。加之，北欧国家经济比较发达，生活水平较高，在这种情况下，对红茶质量要求高，特别追求汤色浓艳、味感强烈、滋味鲜爽的高档红茶。饮茶时，与西欧国家一样，喜欢饮加有牛奶和糖或者只加糖的调饮红茶。与西欧国家一样，也特别重视饮下午茶。与西欧人民的饮茶习俗相比，只是饮调味茶时，用糖量更多罢了。

另外，北欧五国人民还喜欢饮果味红茶，特别是芬兰人尤喜在饮果味红茶时，根据各人爱好，一杯红茶的表层漂浮各种各样的水果切片，还美其名曰"加勒比太阳""愉快的下雨天""菠萝百香果茶""菠萝草莓樱桃茶""菠萝橙桃红茶""石榴草莓柠檬红茶"，不胜枚举。如此搭配的一杯五彩缤纷的果味红茶，眼福、口福，两全其美，真使人有垂涎三尺之感。

非洲：对茶情有独钟

　　非洲位于东半球西部，欧洲以南，亚洲之西，东濒印度洋，西临大西洋，纵跨赤道南北。在地理上习惯分为北非、东非、西非、中非和南非五个地区，共有60个国家和地区。非洲有"热带大陆"之称，除东非外，其气候特点大多是高温、少雨、干燥。全洲有一半以上的地区终年炎热，还有将近一半的地区有着炎热的暖季和温暖的凉季。所以，全洲除东非、中非和南非地区有茶树种植外，北非和西非地区在历史上不产茶，或很少产茶。其地即便有少量茶树种植，也只有几十年历史。非洲国家和地区面积较小，数量较多。根据资料显示，全洲共有20多个国家有茶树种植和茶叶生产，也就是说约占全洲1/3的国家和地区有茶树种植。据2016年统计，全洲采摘茶园面积和茶叶产量在世界五大洲中，均名列第二。但非洲历史上长期以来遭受到殖民侵略，加之又受高温干燥气候影响，所以无论产茶国还是非产茶国，全洲各国人民对茶都情有独钟，普遍有饮茶习惯。只是由于各地所处环境条件不一，致使饮茶习惯有所不同，一般说来，东非和南非地区大多习惯于饮红茶，尤喜饮调味的牛奶甜红茶；西非和北非地区大多习惯于饮绿茶，尤喜饮调味的薄荷甜绿茶；只有中非诸国，有饮调味红茶为主的，也有饮调味绿茶为主的。现择要简述如下。

东部非洲

东非地区北起厄立特里亚，南至鲁伍马河，东临印度洋，西达坦葛尼喀湖，包括埃塞俄比亚、厄立特里亚、吉布提、索马里、肯尼亚、乌干达、卢旺达、布隆迪、坦桑尼亚和印度洋西部岛国塞舌尔等国家。这些地区以高原为主，沿海有狭窄的低洼。东非的气候以亚热带草原气候为主，夹杂着热带沙漠气候和热带雨林气候。东非紧邻阿拉伯半岛，海运十分便利，使得欧洲、亚洲等地的产物、习俗在东非流传。东非大平原和东非大裂谷气候温和凉爽、雨量充沛、土地肥沃，适合茶树生长。众多国家和多民族的历史传承及文化延续，使东非拥有丰富多彩的民俗习惯和茶俗风情。

肯尼亚：塑料袋外卖奶茶

16世纪初期，西方殖民者相继侵入非洲，东非主要在英国和德国的势力范围内，受英、德的影响较大。英国殖民时期，英国政府鼓励民众来肯尼亚地区开垦农场进行殖民。20世纪早期，许多英国和欧洲殖民者移民到白人高地，在那里建立农庄。1903年，英国人从印度带来了一包茶籽，在蒙巴萨的Lmuru地区首次引种茶树，肯尼亚的茶业从此开始，这也间接影响了东非茶俗文化的形成。如今肯尼亚的茶叶产量排名世界第三，以生产红碎茶为主。生产茶叶主要用于出口，既是茶叶生产大国，又是茶叶出口大国。

在肯尼亚人们最爱饮的是奶茶。饮茶时，人们习惯于选择红碎茶。红碎茶一经冲泡后，茶汁很容易浸出，人们会滤去茶渣。品饮时，往往在浓艳红亮的茶汤中，放入适量的牛奶和白糖，再经小调匙搅拌几下，就成为一杯香甜可口的牛奶红茶，这种牛奶红茶在东非各国饮用面最广。

奶茶对于肯尼亚人是一种极其重要的能量来源，但是每家的饮茶方式略有不同。大致说来，富人家通常是将从大超市买的新鲜袋装灭菌牛奶煮沸后，放入上等的袋泡红茶，茶的色香味浓郁一些；而穷人家通常从杂货店买来晒干搅碎的红茶碎末加上市场大桶里打来的牛奶煮着喝，茶碎末通常滤出来后再晒干备用，可以煮多次，而煮茶时也会添加比较多的水，因此茶味、奶味较寡淡。如今，在肯尼亚的很多单位里，都备有各色茶包袋以便员工在休息时享用。很多时候，员工们只要用热水将茶包袋放在杯中冲饮，然后拿起早已灌好的大壶牛奶进行调饮，再按个人的口味加入一定的糖即可。

肯尼亚蒙巴萨地区是主要的国际茶叶贸易集散地，英国有超过一半的茶叶，如早餐茶包及"建筑工人茶"来自东非，都经过蒙巴萨出口。在蒙巴萨的街头，通常都有侍茶人用大金属茶壶给各类摊贩提供大量茶水，人们或坐在街边或立在街头，手捧一杯热奶茶就开始品饮。人们饮茶的杯子比较简单，一般以带把的瓷杯、金属杯、塑料杯等为主。为方便携带，有些热茶直接倒进塑料袋里，打个结就成了外卖茶。

在蒙巴萨，有一些英籍茶园主仍保留英式的饮茶习俗，在午后四点左右开始饮茶。他们习惯在茶里添加牛奶及糖，并配上一些下午茶糕点，补充营养，提神充饥。

乌干达：喝茶从娃娃开始

乌干达位于非洲东部的东非高原上，多湖泊沼泽，有"高原水乡"之称。又因为乌干达位于赤道，海拔却较高，气温常年在20℃左右，从自然环境上看，非常适合茶树生长。在乌干达政府政策的扶持帮助下，乌干达茶叶成为乌干达重要的出口创汇产品，并一跃成为仅次于肯尼亚的东非第二茶叶生产国。

乌干达是马赛族的居住地之一，马赛是个游牧民族，是东非最著名的部落之一。他们以肉、乳为食，喜饮鲜牛血。茶在他们的生活中扮演着重要的角色，喝茶是马赛族日常生活的重要部分。马赛族人们在美丽的草原上，习惯喝奶茶、吃薄煎饼作为饮食，这种饮食习惯与蒙古族颇有相似之处。乌干达的小朋友也以此为食，喝茶从娃娃开始，终生不绝。

埃塞俄比亚：手捧一壶茶，嘴嚼"恰特草"

埃塞俄比亚处在北纬6°~9°、东经34°~40°之间，全境大部分为高原和山地，且雨热不均，这使得境内满足茶叶种植条件的区域不多，茶叶产量不高，在东非各个茶叶生产国中排名靠后。

埃塞俄比亚是世界上较为落后的国家之一，然而这种落后却无法阻止埃塞俄比亚人对喝茶的热情。他们自在地往大街上随意一坐，更甚者会选择就地躺着，经常在手中捧着一壶茶，在嘴里嚼着"恰特草"。此种情形里茶叶却不是主角，它早已沦为恰特草这种类似烟草的碧绿叶子的配角，着实令人惋惜。这种"东非罂粟"正如外号所预示的那样，具有一定的迷幻效果。

吉布提：成捆出售的"埃塞俄比亚茶"

吉布提大部分地区均属热带沙漠气候，内地则近于热带草原气候。全境终年酷热少雨，生存条件较为恶劣，这里几乎不产茶叶。

在吉布提，有种叫"恰特草"或"埃塞俄比亚茶"

的植物可谓是非茶之茶。吉布提不产茶叶,这种所谓的"茶"一般都从邻国埃塞俄比亚进口,并要求飞机空运,当天采摘当天运送售卖,以此保持新鲜。这种夸张的进口方式,导致价格居高不下,往往一小把就需要一两美元。即便如此,在吉布提的大街小巷上,成捆出售的带绿叶的小树枝仍然不愁销路,几乎成为当地人的生活必需品。

夸张点讲,中国茶叶在吉布提的受欢迎程度,绝对比不上"埃塞俄比亚茶",不论男女,不论老少,几乎人人与此打交道。这种茶外形与中国茶相似,味道也类同。生嚼入口微涩,略苦,时间久了有回甘。据说当地人认为它有提神醒脑的奇效,但事实上,这种叶子多用上瘾,算是软性毒品的一种。

当地人对"埃塞俄比亚茶"的热爱,还体现在随处可见的"恰特馆"上。大街小巷上的叫"恰特馆",个人家里的叫"恰特室"。吉布提人在室内铺上地毯,备好坐垫、靠垫和小茶几,间或摆放一些别出心裁的装饰品,没有杯杯盏盏和桌椅。茶客慵懒舒适地席地而坐,将小树枝上的"茶"摘下,放入嘴里不断咀嚼,或将茶渣团成一团含在嘴里,口渴了便喝可乐、芬达;或将茶渣直接咽下,或用饮料冲服茶渣。在这里人们互相交谈聊天,打发下班后的漫长时光,男女一般分席而坐。

至于吉布提人家里的"恰特室"，则装修得更精致和华丽。除满足主人平时嚼用"埃塞俄比亚茶"的需求外，一般也在这里待客。客人进入这里必须脱鞋、净手以示礼貌。值得一提的是，如果客人是本国人，主人会随后送上"埃塞俄比亚茶"和饮料；如果客人是外国人，吉布提人则以欧洲人的方式待客，除非这位外国客人是主人的至交好友，才有一同嚼"埃塞俄比亚茶"的荣幸。

卢旺达：产茶用于创汇

卢旺达境内多山，有"千丘之国"的称谓，属温带和热带高原气候。同乌干达一样，这个赤道国家由于海拔较高，气候宜人，其肥沃的土地上植被茂密，茶叶被种植在这里后往往长势喜人，整年都能进行采摘。在卢旺达，当地茶叶消费不多，但却是重要的出口物资。

卢旺达以生产红茶为主，但也生产绿茶。卢旺达生产的绿茶，制作方法较为奇特，他们将茶叶鲜叶采摘后直接用阳光晒干，这与中国白茶有异曲同工之妙。由于卢旺达的绿茶加工方式不同一般，所以制成的绿茶颜色较一般绿茶要浅淡一些。

卢旺达的自然环境适宜茶树生长，出产的茶叶品质高。但因地形条件限制，茶园种植面积不大，茶叶产量少，在当地人看来，茶叶无疑是珍贵的，远销英国、美国的茶叶可以带来较高的收入，为国家创汇。基于此，卢旺达的茶叶几乎都用于出口，而不用于国民的日常品饮。尤其是Oxthodoxe Tea，这种茶叶几乎绝迹于卢旺达国内市场。

索马里：茶为"第二食粮"

索马里位于非洲大陆最东部，拥有非洲最长的海岸线。1417~1419年，中国郑和率领的海上舰队在第五次下西洋时，曾访问过索马里海滨的几个城邦，可能饮茶之风由此而生。

索马里除西南部属热带草原气候外，大部地区属热带沙漠气候，终年高温，空气干燥，年降水量仅为100~600毫米，个别地区的年降雨量甚至在100毫米以下。所以，索马里本国不产茶。但因索马里人大多信奉伊斯兰教，是一个禁酒倡茶的国家，再加上当地气候干燥炎热，以致大多数人都有饮茶的习惯，茶便成了索马里人民日常生活的重要组成部分。为此，索马里不得不向周边国家进口许多茶叶。

索马里是一个很注重礼节的国家，习惯于以茶待客。倘有客人家访，主人总会带领全家人在门外恭候。一旦客人进门，女主人还会领着全体子女一一向客人行礼致敬，亲切问候。而后，女主人便退出客厅去为客人准备茶水，只剩下男主人与客人互叙衷情。

索马里人习惯于饮红茶，一旦红茶煮好后还会加入很多蔗糖，所以茶的甜度很高。不过，煮茶主要是由女主人进行的，她们先将茶水烧开，然后放入茶叶，一旦茶汤出色后，便立即滤去茶渣，加入蔗糖后再继续煮到茶汤呈现红黑色为止。有时，她们还会在茶汤中再加入豆蔻、肉桂之类调香。如此，一杯汤色红浓、又甜又香的调味红茶才算煮好了。另外，还有不少索马里人也有喜欢饮加奶、加糖的甜奶茶的习惯。

由于索马里人酷爱饮茶，以致在全国各地还设有许多茶棚。这些茶棚多半是露天的，设在树荫下、道路旁。无论在何时何地，人们总会在茶棚中看到前来喝茶的茶客，他们或是来小憩歇息，或是来品赏茶香，或是来小聚聊天。尽管在茶棚里也许会有咖啡等其他饮料可以选择，但对索马里人来说，诱惑最大的依旧是茶。茶早已成为索马里人民的"第二食粮"。

西部非洲

西非是指非洲西部地区。区内北部属热带沙漠气候，中部属热带草原气候，南部属热带雨林气候。同时，全区西部地区高温干热，东部沿海高温多雨。西非包括毛里塔尼亚、塞内加尔、马里、布基纳法索、几内亚、塞拉利昂、利比里亚、科特迪瓦、加纳、尼日利亚等17个国家和地区。由于气候炎热和雨量分布不均，不适宜茶树生长，所以其地产茶不多，只有少数国家种茶，且产量不高，种茶历史不长；但由于受自然环境和饮食习惯的影响，饮茶风俗很浓，需求量也大，以饮绿茶为主，饮茶有着"面广、次频、汁浓、掺加佐料"的特点。他们饮绿茶时，总喜欢拌以清凉佐料，诸如薄荷、柠檬等。在茶饮中还习惯于加糖调味。下面，选择几个有代表性国家的饮茶风情，简述如下。

马里："宁可暂无粮，不可日无茶"

马里地处西非撒哈拉大沙漠的边缘，干季炎热、雨季闷热，造就了马里人民热爱饮茶的生活背景；而多食牛羊肉的生活习性，更增添了马里人民对茶的渴求。所以，在马里也有"宁可暂无粮，不可日无茶"之说。为此，马里政府在大量进口茶叶的同时，还期望在本国土地上种植茶树，对发展茶叶生产有迫切要求。1962年，应马里政府请求，中国派遣茶叶专家奔赴马里共和国，通过艰辛的引种实验，终于在马里锡加索地区取得种茶成功，如今已建有茶园100余公顷，生产绿茶100余吨，虽然这些茶叶远不能满足马里人民的需求，但它却改写了马里不产茶的历史。

据查，马里是非洲茶叶消费量最高的国家之一。他们以饮绿茶为主，但对茶品质要求较高，以进口绿茶为主，特别是中国的高档眉茶和高档珠茶最受欢迎。在马里城镇街头，甚至大道村旁，总可见到有供应茶水的杂货铺。大致说来，这些杂货铺兼有茶馆的作用，通常是在室外建有一个铁制的小炭炉。每日，店主人总会支起炭炉烧水煮茶，供来往顾客饮用。马里人饮的茶，不是沏泡的，而是烧煮的。煮茶时，一般需要备用两把壶，一把是塑料做的，主要用于打水和续水；一把是用铜材质做的，用于煮水泡茶。在泡茶壶的壶身与壶嘴交汇处，还有一层特制的滤网，用来防止茶末碎片流入饮杯。煮茶前，主人会先清洁茶壶，然后直接把一小盒茶放进铜茶壶内，再佐以一把薄荷叶和几勺糖；而后用塑料水壶将冷水冲入茶壶内进行加热。等茶壶内的水烧开沸腾后，主人就会拿出一个小瓷盘，瓷盘上放着几只小玻璃杯，把茶倾入小杯中，让顾客慢慢饮用，别有一番风味。

马里人生性豪爽，向来以热情好客闻名。在路上，凡有朋友亲戚相见，总会问个不断，一直从长辈问到儿孙。倘若有客人进门,主人不但会热情地斟上一杯热茶,还会奉上糕点、水果款待。尤其是马里的多贡族人民,就连过路、进门讨水喝的,主人也都会为他准备热茶和甜点相待。客人饮的茶和吃的点心越多,主人就会越高兴。如果客人因为怕麻烦主人而谢绝或少饮、少吃的话,反而会惹得主人不高兴,甚至误认为这是不礼貌的举动。

另外,在马里还有一个饮茶习俗,如果客人要到主人家中去做客访谈的话,应提前与主人商定,因为依照马里人的习惯,倘有客来,热情好客的主人得事前选择好茶叶、清洁好茶具、准备好茶点,以便既体面又有礼貌地迎接客人的到来。而突然的到访,会打乱主人正常的生活秩序,这在当地被认为有失偏颇,是一种不文明的行为。

毛里塔尼亚:敬客"三道茶"

毛里塔尼亚位于非洲西北部,西濒大西洋,北部与西撒哈拉和阿尔及利亚接壤,属热带沙漠性气候,是名副其实的沙漠王国,全国90%以上土地是沙漠。加之,毛里塔尼亚占全国总人口85%的人从事游牧业,在酷热的沙漠气候条件下,过的是食牛羊肉和骆驼奶为主的生活,这种气候和食物特性促使毛里塔尼亚人民普遍喜爱饮茶。

　　另外，毛里塔尼亚人民大多信奉伊斯兰教，喝酒是禁止的，所以茶便成了最好的替代品。每日清晨时分，当地人民的第一件事就是向真主祈祷。而祈祷完毕，接下来便是开始喝茶。他们认为喝茶能助消化、解疲乏，还能祛暑和振奋精神，于是茶便成了毛里塔尼亚人民的生活至宝。"不可一日无茶"，这句话在毛里塔尼亚人民的生活中并不为过。但毛里塔尼亚不产茶，所需茶叶依赖进口解决。又由于毛里塔尼亚人民钟情于饮绿茶，所以长期以来，中国产的珠茶和眉茶深受毛里塔尼亚人民的欢迎，中国便成了毛里塔尼亚茶的最大供应国。

　　毛里坦尼亚成年人，习惯于每天早晨、午后和睡前饮三次茶，每次饮三杯。如果是休息天、过节，或有朋友来访，饮茶次数更多，甚至达十次以上。他们饮茶时，一般先将茶叶放入小瓷壶或小铜壶里煮，然后加入白糖和新鲜薄荷叶。待壶中水烧开后，经稍加沸腾，再将茶汁注入酒盅大小的玻璃杯中，茶汤色如琥珀，滋味甘甜。如此一杯又浓又香的薄荷茶才算完成。这种茶的滋味甘甜醇厚，还有浓浓的薄荷清凉口感，齿颊留香，令人回味无穷。毛里坦尼亚人饮茶的讲究与中国人颇为类似，讲究煮茶的火候、喝茶的人群、配料的得法以及饮茶的环境等。

对毛里塔尼亚人来说，茶也是招待客人的必需品。倘若家中有客来访，主人总会泡上三道茶敬客。第一道茶味最浓，甘中带苦；第二道茶，由于薄荷味的清凉与食糖的甜味加重，反而觉得茶味相对减弱；第三道茶最甜，薄荷味也最重。这三道茶，饮起来道道有不同感觉。当地认为，三道茶喝完后，定会有很好的提神解乏、促进食欲、帮助消化的功效。如同其他国家一样，饮主人敬奉的"三道茶"时，客人是不能拒绝的，否则会被视为不恭。若主人开始敬奉第四道茶了，这时客人应该有礼貌地推辞，否则也会被视为不敬，有贪杯之嫌。而在敬茶的过程中，本着对主人的尊重，客人不得中途离开。如此饮茶，茶的社交功能自然而然地得到体现。

在毛里塔尼亚政府机关、企事业单位等办公场所，还配有专门的泡茶师，凡茶歇期间或主客谈话时，就会有专门的泡茶师递茶送点，茶便成了联结心灵的纽带和增进友谊的桥梁。

几内亚：最好的时令饮料

几内亚位于西非西海岸，西濒大西洋。沿海地区为热带雨林气候，终年高温多雨；内地为热带草原气候，每年5~10月为雨季，11月至次年4月为旱季，全年干湿分明，年平均气温为24℃~32℃。在这种严酷炎热的气候条件下，茶便成了适应时令的最好饮料。为此，20世纪20年代几内亚便开始试种茶，但未获成功。1962年中国派遣专家赴几内亚考察与种茶，并帮助设计与建设成规模为100公顷茶园的玛桑达茶场及相应的机械化制茶厂。尽管如此，依然解决不了几内亚人民对茶叶的需求问题，茶叶依然需要依赖进口解决。

几内亚人民普遍喜好饮绿茶，特别是饮薄荷甜茶，并习惯于每日多次饮茶。凡有客进门，与马里人一样，也总是热情地奉上三道茶，以示敬意。这一礼仪，在西非各国几成常规。但几内亚人煮茶用的茶壶，与其他西非国家相比，造型奇特怪趣，壶身是一个凸肚形的玻璃杯，其上有注水口，口沿有个出水嘴，并用一个半壶形带壶柄的绿色塑料套子套住，壶盖也是用绿色塑料做成的。壶的腹内还安置一个筒形网状滤茶器，防止泡茶时叶底和茶叶片末混入在茶汤中，起到过滤茶汤作用。

值得一提的是，一股新的"饮茶热"近几年来迅速席卷西非的几内亚、塞内加尔等国家，这些国家的茶商们竟然凭借"基地"组织的名头来招揽生意。在首都科纳克里出现一种以"拉登"名字命名的"拉登茶"。据说，起初这种茶有个普通的名字，叫海中珍宝茶，但不能引起顾客的关注。有一次，店主把茶煮沸，掀开壶盖后，发现壶内茶水四溅，发出噼噼啪啪的响声，很像爆

炸声。于是突发奇想，联想到"基地"组织搞的爆炸，
于是给这种茶起了个新名字"拉登茶"。如此一来，就
有越来越多的人慕名前来品尝拉登茶。不过，毕竟拉登
和基地组织臭名昭著，不久，顾客们又给这种茶另起
了"轰炸机茶"的名字。这种茶的做法并不复杂，就是
用当地产的一种香草、糖浆、几小包茶叶、方糖、蜂
蜜，以及一些调和物混合在一起，经过8天的发酵后，
加水煮沸即成。人们起初饮这种茶主要出于好奇，后来
逐渐体会到它的保健作用，说这种茶有滋补品的香味，
饮用后特别是对男性健康大有好处，还有治疗便秘和呼
吸道疾病的功效。

塞内加尔：饮茶的"幸福时光"

塞内加尔地处非洲最西部，首都达喀尔为大西洋
航线的要冲，是塞内加尔的政治经济文化中心，也是
塞内加尔的交通枢纽，更是非洲西部最大的海港及商
业中心。

塞内加尔人民爱茶，尤其喜爱喝绿茶，特别是中
国产的绿茶。茶文化已深深扎根于塞内加尔人民的心
中，无论是在日常生活抑或社会交往中，茶都是必不
可少的。

1960年，塞内加尔共和国成立，由于穆斯林占据了

塞内加尔人的大部分，而伊斯兰教徒遵循在公共场合禁止饮酒的教规，在这种情况下，多数塞内加尔人民有"以茶代酒"之俗。又由于塞内加尔人饮食以牛羊肉和乳制品为主，而饮茶可以帮助消化；又地处撒哈拉大沙漠边缘，天气炎热，而茶能清凉解渴，自然成了当地人民的最爱。所以，这一地区的人民，数百年来一直有饮茶之习，饮茶颇为流行。

20世纪80年开始，由于塞内加尔糖价大幅上扬，而当地人民习惯于饮绿茶时加入较多的方糖，在这样的情况下，饮茶比喝咖啡要贵很多。于是，人们渐渐转而开始喝咖啡。进入21世纪以来，随着当地人民生活水平的不断提高，以及茶在世界范围内影响的扩大，饮茶风尚再次在塞内加尔兴起。如今，在塞内加尔城镇商店里，茶叶随处可见，特别是中国绿茶，更是如此。

塞内加尔进口的中国绿茶，主要是珠茶和眉茶。但塞内加尔人与中国人饮绿茶的方式方法不同，他们饮绿茶时并非是中国式的冲泡，通常采用的是煮饮。这里的人们习惯在饭后，特别是在午饭后，一家人或与朋友在一起围坐在炭炉旁，此时炭炉上总是架着一把茶壶，当茶壶内的水慢慢伴随着茶香四溢煮沸时，大家一边喝茶，一边聊天，有的还会配上一些花生、面包和肉干等零食。如此，在香茶的陪伴下，一两个小时的时间很快就度过了。这种饮茶方式，其意不仅在饮茶本身，而更多在茶外，它使人与人之间的距离拉得更近，让人与人之间变得更加和谐。这段饮茶时光，在塞内加尔被称为"幸福时光"，成为当地人民生活中不可缺少的一个重要环节。

在塞内加尔，也有煮三道茶的习惯，但做法和马里、毛里塔尼亚的三道茶有些不一样，煮茶时糖和薄荷不是一次性放在壶中，而是每泡一道茶另加一次糖或薄荷。他们认为煮的第一道茶芳香醇厚，但口味浓重，因此只需要放少量糖就可；煮的第二道茶香和滋味略淡，为此，煮茶时须在茶壶中加入适量薄荷叶，以增香添味；煮的第三道茶，其味清淡，茶香淡薄，为此，只好通过加入较多的食糖来弥补不足。

塞内加尔的社交活动与中国风习差不多，习惯于用茶话会形式开展活动。每次举行茶话会时，都会有一位称为"茶先生"的擅长煮茶的高手来煮茶。但是，与欧式饮茶方式不同，塞内加尔人煮的是绿茶，虽然有加糖习惯，但从没有在茶中掺入牛奶的做法。

塞内加尔人认为，煮茶看看容易做着难，在生活中要煮好一壶茶，并非是件容易的事情。煮茶的火候、放糖的时机、各种配料的用量和顺序等等，都有讲究。此外，斟茶也有特别的要求。当"茶先生"高高举起茶壶,注汤入杯时,倘能在茶水表面漂浮起一层厚厚的泡沫,那是煮茶得法的一种重要标志。而能煮出一杯浓重、高香的茶也是构成一杯好茶的基本条件。与此相匹配的是,塞内加尔喝茶的饮杯都很小,大多是用玻璃做的,但没有花纹,这样不仅便于观察茶汤的颜色,而且有利于香气的散发。如此煮茶、奉茶,一旦煮茶入境,整个房间都会被浓浓的茶香所笼罩。

特别值得一提的是,当地的茶叶经销商为了吸引人们的眼球,还给茶叶取了许多有趣而古怪的名称,如从中国进口的珠茶,因形如火药弹,故名"火药茶";又如从中国进口的眉茶,因编号8417,故名"八千茶";还有因当地人喜爱听流行歌手巴巴拉的歌曲,于是在市场催生有"巴巴拉"茶。此外,还有"骑士"茶、"力量"茶,等等。塞内加尔人民爱茶、尚茶,茶已深深融入到生活的方方面面,与每一件事物中去。

南部非洲

南部非洲通常包括赞比亚、安哥拉、津巴布韦、马拉维、莫桑比克、博茨瓦纳、纳米比亚、南非、马达加斯加、毛里求斯等国家和地区。在17世纪中期,南非大部分国家和地区受荷兰殖民统治，19世纪开始又受英国殖民统治影响。因此，南非各国饮茶留有鲜明的西欧风情，喜爱饮红茶，尤喜饮加牛奶、加糖的调味红茶。但也有少数国家喜欢饮绿茶，他们犹如西非人，喜饮薄荷糖绿茶，赞比亚就是如此。现选择几个有代表性国家的饮茶风情，择要简介如下。

马拉维：独尚红茶

马拉维位于非洲东南部，被坦桑尼亚、莫桑比克、赞比亚三国包围其中，属内陆国家。马拉维也是世界最不发达国家之一，严重依赖国际援助。经济以农业为主，主要经济作物有烟草、茶叶、咖啡、棉花、甘蔗等。其中，马拉维是非洲第二大茶叶生产国，仅次于肯尼亚，所采茶叶全部用来制造成红茶。但马拉维国内茶叶消费量仅占总产量的2%，其余全部用来出口，表明茶叶是马拉维的主要出口物资之一。据报道，茶叶对马拉维出口创汇的贡献率为8%，对GDP的贡献率为7%，从业人员超过6万人；茶叶也是马拉维吸纳就业最多的行业，所以茶业对150万马拉维人民的生计而言，可谓息息相关，有着举足轻重的地位。

马拉维在历史上曾为英国殖民地，独立后仍留在英联邦内，所以受英国影响很深，行政、司法、教育等都采取英国模式，至今英国仍是其最重要的援助国。马拉维饮茶风俗也同样如此，在全国范围而言，他们独尚红茶。至于饮茶方式，有清饮的，也有调饮的。在民间以清饮为主，在茶汤中不加任何调料，饮茶采用的是烹煮法，而不是冲泡法。至于在上层社会，通常选用调饮法饮茶，在烹煮的茶水中往往还会加入牛奶和糖。另外，在政府机关和上层人士中，也有饮英式下午茶的习惯。

马拉维人虽然不富裕，但人民热情好客。如果有客人来访，他们总会问长问短，问个不停。与中国人一样，送茶或咖啡是省不了的。有的还会主动征求意见，问你要茶还是要咖啡？是否拌牛奶？要否加糖，加几块糖？等等，问得一清二楚后，就去准备了。而在马拉维有些部门还流行着一个说法是当地人平均每天要喝茶一小时，足见茶在马拉维人心目中的地位了。

赞比亚：见面"三杯茶"

赞比亚位于非洲中南部，是一个内陆国家，大部分处于高原地区。它北靠刚果，东北邻坦桑尼亚，东面与马拉维接壤，东南与莫桑比克相连，南接津巴布韦、博茨瓦纳和纳米比亚，西面与安哥拉相邻。赞比亚十分注重礼节，朋友见面后，总是将两手紧紧握住对方，还要上下不停摆动，再热情寒暄。赞比亚人还热情好客，每当有客人进门，主人都会热情接待，并用茶叶或咖啡，外加水果、点心等招待客人。但赞比亚禁忌不少，忌讳用左手送茶递点，认为单用左手有侮辱人的意思，因为如厕时用的是左手。

赞比亚人的热情好客体现在，大凡客人来访时，习惯于见面"三杯茶"。按照当地礼节，这三杯茶客人应当看着主人的面，一一畅饮而尽，而且还要脸带笑容，不时点头，表示出对主人的尊敬和喜爱。否则，被视为有失礼仪，甚至弄得主人不高兴，直至最后不欢而散。

赞比亚人以消费绿茶为主，与西非、北非的大多数国家和地区的人民一样，还喜欢饮加有薄荷或柠檬，再加上糖的调味甜绿茶。绿茶、薄荷、柠檬和糖，具有清凉、止渴、解暑、消食等药理功能和丰富的营养作用，而生活在热带地区的人民，由于天气炎热，体力消耗大，不但需要不断补充水分，而且还需及时补充营养，在这种环境条件下，薄荷甜绿茶、柠檬甜绿茶的特有功效和风味，正是赞比亚人民所迫切需要的。

南非："南非三宝"如意茶

南非是南非共和国的简称，位于非洲大陆的最南端。早在17世纪中期，荷兰人就开始入侵这片土地，对当地黑人发动多次殖民战争。19世纪初，英国又开始入侵这片土地。直到19世纪60年代至80年代，在这片土地上发现藏有大量的钻石和黄金后，大批欧洲移民蜂拥而至。1961年5月，南非共和国成立。因此，南非饮茶风俗受欧洲，特别是英国影响较大。但时至今日，南非饮茶之俗多限于政界、商界等中上层社会，普通百姓饮茶甚少。

南非人饮茶，普遍喜欢饮"浓、强、鲜"的高档红茶，尤其是饮掺有牛奶和糖的调味红茶。同时，随着欧洲大量移民的加入，西欧饮下午茶的习俗在南非也很盛行，在政府机关、企事业单位、大型商家尤其如此。

在南非民间，广泛流行着一种叫如意茶的饮料。如意茶又称"博士茶"，它与黄金、钻石齐名，誉称"南非三宝"。这种茶的生长范围非常有限，只是在南非西南部好望角附近的山地里有生长，但广受当地人民的欢迎。据查，如意茶并不是真正意义上的茶，这是一种叫做Aspalathus Linearisde的灌木，属豆荚类植物，叶片为针状，光亮呈绿色，但在加工过程中会将叶色变成红色，与真实意义上为山茶属的茶树是完全不一样的一种植物。

对如意茶的来历，可以追溯到18世纪以前，那时的南非土著民族已经开始加工和饮用如意茶了。而后，随着土著居民的迁移，如意茶逐渐被世人遗忘。直到

1904年，一位俄罗斯籍的植物学家重新发现了这种植物，它重新得到开发和利用。起初，如意茶的流行只是因为它有淡淡的香气及口味甘甜，而作为普通饮料饮用，人们还没有注意到这种植物的神奇保健功能。直到20世纪60年代末，随着如意茶对人体多种保健功能的发现，此茶开始名声大振。据报道，南非如意茶对清除人体自由基、调节人体机能、预防和控制多种疾病具有较好的疗效。

如意茶的制造与加工，如同制造红茶一样，需要经过发酵方能加工制成。其基本制造程序为：采收→捣碎→堆放发酵→烘干→整理→粉碎，最终形成为粉末状的红色如意茶产品。

在日常生活中，南非人民对如意茶有着深厚的感情，他们对如意茶的神奇功效深信不疑。在人体保健功能方面来说，如意茶简直就是"万灵药"，以致母亲们常常从哺乳期开始就把如意茶喂给婴儿，甚至当奶水不足时，有用如意茶代乳喂婴儿的做法。

另外，南非人还喜欢在饮如意茶时，添加多种花草作为调料，使之成为名目繁多的如意茶，如加有奶酪和饴糖的，称之为"奶酪饴糖如意茶"；又如加有柠檬草、薄荷、红花、橙子花的，称之为"冰河世纪如意茶"，等等。按照当地习俗，凡有客进门，对于主人送上的茶饮料，客人最好要多饮，直至一饮而尽，以表对主人奉上如意茶品的赏识和感谢。

出于对如意茶的钟情，在南非几乎所有的宾馆客厅中，桌上备有红茶、调味茶等袋泡茶的同时，也总会将如意茶与其他袋泡茶放在一起，提供给顾客选择饮用。

北部非洲

北非位于非洲大陆北部地区，习惯上将撒哈拉沙漠以北广大非洲区域，包括埃及、利比亚、突尼斯、阿尔及利亚、摩洛哥、苏丹等国家及周边的一些地区，统称为北非。这里地形单一，地势平坦，起伏不大，气候单一，形成大面积的沙漠地区。北非人民由于受地理环境的影响，普遍喜饮清凉解暑的绿茶，尤其是薄荷绿茶，这与西非国家饮茶颇有相似之处。这里，选择北非几个饮茶具有代表性的国家，择要简介如下。

埃及：红茶加糖，二杯始享

埃及地跨亚、非两洲，大部分领土位于北非东部，是世界四大文明古国之一。饮茶历史源远流长，自茶经由丝绸之路传播到阿拉伯诸国，也由此奏响了埃及人漫漫饮茶之路的序曲。埃及作为一个茶叶进口大国，茶叶进口量几乎年年居于世界茶叶进口十大国之列。巨大的茶叶消费量是埃及人民嗜茶的最好证据。埃及人饮茶，不仅将茶当作消暑解渴的饮料，还在此基础上赋予了饮茶方式独特的阿拉伯风情。

埃及人喜欢喝浓厚醇烈的红茶，但他们不喜欢在茶汤中加牛奶，而喜欢加蔗糖。在埃及，凡家中有来客时，热情的埃及人一定会为其备上一杯加入糖的红茶，这就是埃及人最爱的甜茶。他们先将茶叶放进小壶里，注水加糖，然后再加热至水开。这样的红茶口感浓厚醇香，是埃及人的最爱。但埃及人选用的茶具比较简单，多为小巧的玻璃茶具，认为这样易于在喝茶过程中观茶色，嗅茶香，特别在泡茶过程中能呈现出蔗糖之白与茶汤之红的相互照应，红白相间，不失为视觉、嗅觉和味觉的三重享受。在饮用甜茶时，为了尊重饮茶者，埃及人还会特意备一杯冷水，供饮者稀释茶水，自由调节茶水浓度。实际上这种甜茶的浓度仍然是非常高的，几杯入口，不习惯甜食的人，难免会觉得口中过分甜腻，甚至吃不下东西而产生厌食感。

但普通的埃及人家还有一种饮茶习俗，这种饮茶习俗与俄罗斯人有些相似，在用完正餐后，家中的主妇便会到厨房用一种特殊的煮水容器"茶炊"煮茶。所以，埃及家庭用正餐后总会有一个人进入厨房，为煮茶做准备。埃及人使用的煮茶工具叫茶炊，它与俄罗斯茶炊极为相似。茶炊为中空，内下部装有一个小炭炉，加水后，上方还要加一把小茶壶作为壶盖盖上，颇有几分"子母壶"的味道。使用时，主妇往往会先取上一些木炭，作为燃料用，而后在茶炊中加满水，再点燃木炭，并将茶炊带进屋子餐桌上，随后边读书看报闲聊，边等待着茶炊内的水沸腾。当木炭的火苗烘烤着茶炊内的水，热气顺着茶炊内中空的管道冉冉上升，同时炙烤上方的茶壶。很快，茶炊里的水被炭火炙烤得滚烫。当水将开时，便会发出吱吱声，这是在提醒烧水的主妇，该进入下一道工序了。这时，主妇便会放下手中的事务，专心观察茶炊，直到水真正沸腾后，便会倒一小部分热水进入茶壶中，小心晃动茶壶，使热水可以均匀且完整地接触到茶壶的每个角落，而后再将水倒出。这个步骤是温壶，埃及人认为温壶可以避免让茶叶接触阴凉的茶壶，以便更好地保持茶的香气。接着，在茶壶中注入热水四五分满。这时，主妇便会小心翼翼地拿出茶盒，拈上一小撮茶叶放进壶内，将热水加至齐壶口。最后，再将茶壶放在"茶炊"的盖子上加热一会儿。饮茶时，主妇会根据饮茶者的多少，按辈分、主次将茶壶中的茶水逐杯奉送给各位品尝。在埃及，这样的茶往往要喝三巡，埃及人认为第一杯茶可以帮助消除进食正餐时煎炒食物带来的火气；而第二杯开始，才是享受饮茶带来的美感；而从第三巡开始，则主随客便，可由客人自行决定喝还是不喝。埃及现代著名作家塔哈·侯赛因在他的自传体小说《日子》中，对埃及人饮第二杯茶后的感受作了生动的描绘，写道，第二杯茶一喝："不仅他们的嘴和喉咙感到爽快，连他们的头脑也为之一清。他们喝完这一轮茶后，重又变得眼明耳聪，也可以说恢复了他们的理智，他们的舌头又灵活了，嘴角露出笑意，声音也高朗了。"

埃及人饮茶，习惯于用铜茶壶烧开后倾入玻璃杯中，一般不用陶瓷杯作饮杯。而饮用的茶多为袋装红碎茶，认为这种茶方便加糖搅拌和混合。埃及人饮茶，不追求清淡素雅的味道，不苛求安静典雅的环境，认为只要有一杯茶，有三五知己，便可"茶逢知己千杯少"。

此外，埃及人除大部分人饮红茶外，在东部沙漠地区，也有少数人习惯于饮甜绿茶的。

另外，在埃及还有一些人习惯于饮代用茶，诸如玫瑰茄茶和茴芹（即大茴香）茶。玫瑰茄俗称洛神花，生长于热带和亚热带地区，用玫瑰茄冲沏的茶色泽犹如红酒一般，味道酸涩。冰镇后加糖的玫瑰茄茶酸甜可口，营养丰富，是老少咸宜的饮品。而茴芹原产于埃及和地中海东部，富含丰富的茴香脑，有一定药用价值。用茴芹冲泡的茶，色泽淡黄，滋味奇异，一般人难以接受。

摩洛哥：薄荷绿茶有点甜

摩洛哥位于非洲西北端，北部为地中海气候，夏季炎热干燥，冬季温和湿润；南部为热带沙漠气候，年降水量在200毫米以下。炎热干旱的天气，正需要用茶去消暑止渴。另外，摩洛哥人的饮食，以食羊肉为主，而茶能去油腻，助消化，使饮食达到互补。再次是摩洛哥人大多数信奉伊斯兰教。由于宗教信仰原因，摩洛哥人不吃猪肉，不饮酒，也很少抽烟。认为酒喝多了会误事，是严禁的；而饮茶能使人保持清醒。三管齐下，茶便成为摩洛哥人民饮料中的最爱，甚至在鸡尾酒会上，也可以用甜茶代酒，招待客人。在摩洛哥，茶的重要性似乎仅次于吃饭。

但摩洛哥人饮茶习惯的养成，在某种意义上说，乃是英国人送给摩洛哥的一份"礼物"。1853年爆发的克里米亚战争，一度阻断了英国茶商至斯拉夫地区的财路，无奈之下英国转而南下，在摩洛哥的丹吉尔等地设立据点，重点推销绿茶。而当时，摩洛哥人日常的饮料多以薄荷和苦艾冲泡的代用茶为主，原本以为少有销路的绿茶却让英国茶商大获惊喜，绿茶的销量远远超出他

中国援建的马里法拉果茶场（中为本书作者之一姚国坤）

中国援建的马里茶园

西非人普遍喜爱柠檬绿茶

摩洛哥妇女在泡茶

北美人喜饮的速溶茶

马黛茶器

新西兰茶园

们的预期。当地备受欢迎的绿茶不断传播开来，饮茶之风也在摩洛哥地区逐步流行起来。

摩洛哥人民喜欢饮茶，一般人每天至少喝三次茶，多的要喝十多次。但饮茶品种比较单一，大多数选择饮绿茶，如今已成为北非地区最主要的绿茶消费国。

饮用时习惯于在茶叶里加入适量的方糖或冰块，调和成甜茶。而更多的人还喜欢在甜茶中加入新鲜薄荷叶，煮成薄荷甜绿茶，因为薄荷甜绿茶有清香甜凉之感，还有润肺消暑之效。如此，茶便成了摩洛哥人的生活必需品，也是待客的必备品，家中凡有客人来访，见面"三杯茶"。按礼节，客人应当看在主人的面上一饮而尽，否则会被视为有失礼仪。

摩洛哥人民普遍喜饮的薄荷茶很有特色。冲泡时，先将水烧开，在小杯子中倒入两勺绿茶，再注入开水洗茶。大约浸泡1分钟后，除去开水，目的在于除去茶中的苦涩味和尘埃。然后，再将处理后的茶叶，放入最好带有过滤嘴的茶壶中，并加入新鲜薄荷，加入适量方糖，再次冲入开水，摇动茶壶，使茶水中的内容物质均匀一致。最后，高高举起茶壶，从远处向一一摆开的茶杯倾注茶水，供宾客趁热喝下。如此冲泡薄荷甜绿茶，无疑带有一些神奇色彩，催人遐想。

摩洛哥饮茶之风相当盛行，而且讲究排场，茶已成为摩洛哥文化的重要组成部分。在摩洛哥城镇，随处可以看见在摩肩接踵的人流之中，总有手托茶盘、行色匆匆的侍茶伙计从你身旁走过。盘中总是放着一把银壶或铝壶，两只玻璃饮杯。其实，这是侍茶伙计前往店家送茶或取茶给老板饮用的。

由于摩洛哥人对茶情有独钟，所以在城镇市场上，茶店总是最热闹之处。在那里，炉火熊熊，大壶里沸水"突突"。这时，总会见到老板手脚麻利地从身旁的箱子里抓起一把茶叶放在小茶壶中，再用小榔头从另一个箱子里砸下一块白糖放入壶中。接着，再抓一把新鲜薄荷枝叶一起放入，然后冲上大壶里的沸水，放在火炉上煮。少顷，待茶水再次沸腾后，老板便会立即将小茶壶中茶水注入饮杯，递到桌旁每位客人面前，供客人饮用。

在摩洛哥，喝茶通常在白色的房舍中进行。一群人席地而坐，专心地注视着主人泡上一杯杯甜滋滋、香喷喷的薄荷茶，而烧水时的滚滚旋律，砸糖时的"啪啪"作响，注茶时的优美弧度等，都会给人以一种美的感悟，它使整个沏薄荷茶的过程，演绎成为一场神秘的哑剧。

摩洛哥人饮茶的另一特色，就是他们的茶具很奇特。一般摩洛哥人饮茶用的茶壶外壁多由铜浇铸而成，壶的内壁总会镀上一层白银，且壶嘴很长，形状类似于中国西北地区掺茶用的壶嘴。至于饮茶用的茶杯，外表往往雕刻着富有摩洛哥民族特色的图案和花纹，甚为精致。传统设计的镀银青铜茶壶和茶托，是摩洛哥人饮用传统的薄荷甜茶时常常使用的茶具。当地人特别喜欢在喜庆节日或亲朋好友相聚时，"显摆"自家收藏的精美茶具。主人总会以拥有精美茶具为荣，认为这是显示自己的气度和对来者的尊重。摩洛哥茶具具备高贵的材质、精良的工艺，原本就是一种珍稀的艺术品。所以，摩洛哥国王和政府赠送来访国宾礼品时，一为茶具，二为地毯，它们都是能代表本国、本民族的传奇特色物件。据说，一套精美讲究的摩洛哥茶具，其重量高达一百公斤以上。

摩洛哥盛行饮茶，但本国只产少量茶，种茶是20世纪60年代以后才开始的。每年消费的茶叶大部分需要进口，而进口的茶叶绝大部分来自中国。特别是中国绿茶中的珠茶，是每一个摩洛哥人的最爱，它与摩洛哥人民的生活息息相关。

阿尔及利亚：解暑良品，礼貌化身

阿尔及利亚位于非洲西北部。北部沿海地区属地中海气候，冬季温和多雨，夏季炎热干燥；中部属热带草原气候，干燥少雨；南部为撒哈拉沙漠地区，为极端大陆性沙漠气候，雨量稀少，日照强烈，尤其是每年5～9

月间，最高温度可达50℃以上。高温炎热的气候，注定了阿尔及利亚人与茶结有不解之缘。加之，阿尔及利亚属穆斯林国家，禁酒倡茶，从而使饮茶之风更上一个新台阶。

阿尔及利亚人民非常注重礼貌，倘若有客人来访，主人总会热情款待，一旦客人坐下，无须问话，主人便会煮上一壶热气腾腾的茶，热情地向客人奉上，以示欢迎。不过，由于历史和民俗的原因，阿尔及利亚人民奉茶送点是只用右手、不用左手敬递的，认为左手是如厕用的，是不洁的象征。与此相应，作为宾客，自然也不可用左手去接茶或把杯饮茶。在阿尔及利亚饮茶，还有一条不成文的规矩，就是在主人陪同时，未喝完茶之前，客人是不可匆忙起身告辞的，认为这是不礼貌、不友好的举止。所以，茶是阿尔及利亚礼貌的化身，也是每个家庭的必备之物。

阿尔及利亚人与其他北非和西非的大多数人民一样，大都习惯于饮绿茶，认为饮绿茶更有清凉之感，解暑之用。为了突出这一功能，还喜欢在煮茶时加上一撮新鲜薄荷，使绿茶的清凉解暑作用得到进一步加强。至于调成甜味茶，意在调味和补充营养。喝红茶时，往往要兑牛奶、加少许糖。

阿尔及利亚人大多信奉伊斯兰教，只吃牛、羊肉和鸡、鸭肉等，不吃猪肉，而绿茶是他们的最佳饮料。但阿尔及利亚有一个叫杜勒格的民族却很少食肉，他们的主要食品是骆驼奶和一些淀粉制品。他们饮茶时，茶往往不是煮的，而是用开水泡的。泡茶时，也习惯于在茶中放上几片新鲜薄荷叶，再加入几块冰糖调味，认为这样泡的茶喝起来更加便捷，也更有情趣，既能解渴又能祛暑，还能使滋味更加甜美。至于对客人的尊重和友好，自然也在其中了。

美洲：饮茶之风吹遍新大陆

美洲，全称亚美利加洲，地处太平洋东岸、大西洋西岸，以巴拿马运河为界，分为北美洲和南美洲。从1492年开始，由于意大利航海家哥伦布三次西航，才发现这块美洲新大陆。

美洲人饮茶的开端与欧洲人侵入这片土地有着密切的关系。因此，美洲饮茶历史晚于欧洲，饮茶历史不过400年，至于种茶历史则更短，种茶国家有12个，它们分别是：阿根廷、厄瓜多尔、秘鲁、哥伦比亚、巴西、危地马拉、巴拉圭、牙买加、墨西哥、玻利维亚、圭亚那和美国。茶叶种植业主要分布在南美洲。

美洲的饮茶习俗既有西欧的饮茶风格，喜欢饮调饮甜红茶；同时，又保留有土著民族的特色，例如冰红茶的时尚和马黛茶的传承。下面，分别就北美洲、南美洲的饮茶风情，简述如下。

北美洲

北美洲位于西半球北部，主要国家有美国、加拿大、墨西哥等国，其中美国和加拿大是经济发达的国家。北美洲地跨热带、温带、寒带，气候复杂多样。北美洲大部分居民是欧洲移民的后裔，由于多种原因，这里少有茶树种植，但如同欧洲一样，北美洲人民饮茶氛围浓，饮茶方式受欧洲影响深。下面，选择北美洲几个饮茶有代表性国家，简述如下。

美国：无拘无束冰饮茶

美国位于北美洲中部，是土著印第安人的聚居区。而西欧殖民者的侵入，在带来血腥和西方文明的同时，还带来了中国茶饮料。其实，美国这个国家的饮茶历史几乎与它的建国历史等同，还不到400年。

美国人饮茶，最早饮的是绿茶，以后才逐渐改为饮红茶，20世纪以来，饮茶方法也发生改变，他们讲求便捷、快速，不愿为传统的茶叶慢冲泡而浪费时间。因此，喜欢饮速饮茶。如今，美国人饮茶方式更趋多样，有调饮的，也有清饮的，但以调饮为主；有喝红茶的，也有喝绿茶、乌龙茶、花茶、调味茶的，但以红茶为主；有加糖饮甜茶的，也有饮不加糖的，但以饮加糖的甜茶为主。总之，美国人的饮茶方式正如这个国度本身所追求的：自由、个性，没有约束，没有条条框框，有多元化特点。尽管如此，大多数美国人拒绝饮热气腾腾的热茶，相比较而言，他们更多爱饮冷潺潺的冰茶，这一点却是有共性的。

据说，冰茶是在1904年美国圣路易士博览会上诞生的，并由此开启美国饮茶新纪元。在炎热的夏天，一位茶摊主为少有人问津的茶摊经营绞尽脑汁，于是他灵机一动从隔壁的冰激凌店铺中取来一些冰块，加进冒着热气的茶水中，这种新发明的茶饮品很快受到人们的欢迎。于是冰茶生意兴盛，很快普及开来，成为最受美国人推崇的饮品。如今，对美国人来说，冰茶并不只是属于夏天的饮品，冬天同样受大家的欢迎，冰茶销售占据了美国茶叶消费总量的85％以上。原本只是热饮或温饮的茶，美国人却把它演变成冷饮或冰饮。他们认为如此饮茶，凉齿爽口，开胃补体，冰茶成为最受欢迎的保健饮料。

美国人的冰茶制作很简单，通常选用自己心仪的茶叶，诸如红碎茶、绿茶、调味茶等都可以，但以红茶为主；再经浸泡或煮沸后滤去茶渣，接着在茶汤中加入柠檬、牛奶、果汁、糖等调味品；最后加入适量冰块，或者放在冰箱中冷却待用。在日常生活中，美国人追求高效，生活快节奏，饮茶讲究实效、方便，不愿为泡茶、倾倒茶渣浪费时间。在这种情况下，美国的超市里也有种类繁多的罐装、瓶装冰茶供应。

此外，在美国很多餐厅中，也有用传统冲泡方法饮茶的。但按照美国人的生活习惯，不论饮哪种传统茶，总要在茶水中加上一些糖或蜂蜜，这是大多数饮茶者的嗜好。

美国人追求刺激，享受自由，因而爱喝酒，但当鸡尾酒和茶碰撞，刚柔并济之时，鸡尾茶酒便征服了美国人的味蕾。鸡尾茶酒的制作方法并不复杂，即根据各人的爱好，在鸡尾酒中加入一定比例的红茶汁，就成了鸡尾茶酒。只是对红茶质量要求较高，兑入鸡尾茶酒中的红茶必须是具有汤色浓艳、刺激性强、滋味鲜爽的高级红茶。他们认为，用这种红茶汁泡制而成的鸡尾茶酒，有酒的醇、茶的香，既可提神，又能醒脑，因而受到更多美国人的欢迎。其实，要制作出一款精美的鸡尾茶酒，也并非是件容易的事。在实践中，只有经验老道的调酒师，才能掌握正确的茶酒比例，发挥鸡尾茶酒的最大魅力。如今，鸡尾茶酒在美国流行很广，特别是在旅游胜地，诸如夏威夷等地的海滩上，人们总能看到游客们边饮鸡尾茶酒，边观赏旖旎自然风光的情景。

近年来，随着健康生活概念的普及，美国人特别是年轻人中，也开始尝试不同的饮茶风情。从2012年开始，美国的星巴克已不再是专门喝咖啡的场所了。在经营上，星巴克除了供应传统的咖啡外，还供应红茶、绿茶、调料茶，致力于打造轻松自由的个人空间，吸引越来越多的美国年青一代。据说，星巴克下一步还准备将这一成功的经验，在世界各地的连锁店中逐渐推广开来。

至于美国种茶的历史，那是20世纪后期的事，至今仅在夏威夷等地有少量种植,茶叶主要依靠进口解决。近年来,受到健康生活新观念的影响,绿茶重新进入美国人的视线,并逐渐受到追捧。

加拿大:"枫树糖茶"受推崇

加拿大位于美洲北部地区,尽管与美国毗邻,但饮茶的风俗习惯上与美国却有较大差距。作为英国曾经的殖民地,加拿大人的饮茶习俗与英国人相似,他们都喜欢饮甜味红奶茶,对饮下午茶都推崇备至。每天下午四五点时,当地人都会放下手头的工作,自己动手或者向雇员订一壶热气腾腾的茶。

他们泡茶的方式很奇特,在开始泡茶以前会把瓷壶用开水烫洗一遍,加入一二匙茶叶(通常选用较为高档的红茶);然后用沸水浇注,待浸泡七八分钟后滤去茶渣;再将茶汤注入另外一个杯内。接下来,多数加拿大人会选择在茶汤里加入乳酪和糖,制成浓香爽滑的红奶茶。当然,为了便捷,加拿大人也有喜选用袋泡茶冲泡茶叶的。

而享受雇员服务的一些饮茶人,则会静静等候雇员们推着小车款款而来,小车上摆满各种档次的茶叶和茶点供人选择,一旦被选中,雇员就会立即冲泡好茶,连同选中的茶点,一并奉上。

此外,各式各样的茶点是必不可少的组成部分。下午茶不仅发生在茶馆，也发生在各种工作单位，甚至家庭饮茶中，可见加拿大人的生活中处处有茶，骨子里总是浸润着茶。

特别值得一提的是，加拿大人还爱饮枫树糖茶。枫树糖茶其实是一种代用茶，是非茶之茶，它的制作并不困难，先从枫树叶中提取出汁液，再煎熬成糖，这就是所谓的枫树糖。而当这种特殊糖类兑水后，便成了加拿大人喜好的"枫树糖茶"。枫树是加拿大的国树，在加拿大随处可见，被加拿大人充分利用。或许出于对国树的喜爱，加拿大人爱屋及乌，于是对枫树糖茶也推崇备至。

另外，在加拿大，还有一种柑橘茶很受女性的欢迎。她们认为橘子的果皮、果肉、果核中含有的某些活性物质有美容和预防乳腺癌的作用，加之，柑橘茶酸甜可口，能满足女性对口感的要求和对健康的追求，因此用橘子的果皮、果核泡制而成的柑橘茶备受女性的青睐。

墨西哥："第一国花"制成茶

墨西哥与美国南部相邻，与其他北美国家相比，他们的饮茶风俗别具一格。尽管有许多人如同美国、加拿大人一样有饮调饮红茶之习，但还有许多人有喝"非茶之茶"之俗，特别爱喝仙人掌茶和玫瑰茄茶。相比较而言，他们的饮茶习俗自成一派，充满独特的民族风情。

仙人掌是墨西哥的"第一国花"，品种多达两千余种，但只有少数几种仙人掌具有食用功能。墨西哥人除了将仙人掌制作成菜肴供食用外，还喜爱将精制加工的仙人掌烘干贮藏，按需冲泡成茶水饮用。他们认为仙人掌茶具有"三降"作用，降血糖、降血压和降血脂；还能促进人体新陈代谢，提高免疫力，具有非常高的药理作用和药效价值。墨西哥人对仙人掌茶的喜爱也源于此，它因而受到当地人的普遍欢迎。

墨西哥人除了普遍喜欢饮仙人掌茶外，还喜欢饮玫瑰茄茶。玫瑰茄系木槿属，制作玫瑰茄茶非常简单，只要摘取花朵，放置在阳光下晾晒，待脱水后剥下花萼晒干即是。玫瑰茄茶干茶黑紫，一经冲泡便绽放出独特的迷人魅力，汤色紫红，鲜艳明亮，盛放在玻璃壶中给人以独一无二的视觉享受。冲泡而成的玫瑰茄茶，滋味酸甜，风味独特，据说还具有美容养颜、敛肺止咳、降血压、解酒等功效，因此在墨西哥无论是男性还是女士，都把玫瑰茄茶当作心头好。

南美洲

南美洲位于西半球南部，东面是大西洋，西为太平洋，陆地以巴拿马运河为界，与北美洲隔河相分，南面隔海与南极洲相望。南美洲以平原和丘陵山地为主，属热带雨林气候和热带草原气候，特点是温暖湿润，大陆性不显著。全洲包括哥伦比亚、委内瑞拉、圭亚那、苏里南、厄瓜多尔、秘鲁、巴西、玻利维亚、智利、巴拉圭、乌拉圭、阿根廷和法属圭亚那等国家和地区。各国经济发展水平和经济实力相差悬殊。这里由于受地理和环境影响，饮茶只有几百年历史。又由于其地长期受多元文化，特别是西欧文化影响，以饮红茶为主，并在许多国家还保持着饮当地特色茶的风习，如以阿根廷、巴西为代表的马黛茶就是例证。

在南美洲，茶作为一种饮料，它的消费量仅次于马黛茶和咖啡。在巴西、阿根廷、圭亚那、秘鲁、玻利维亚、巴拉圭等国家还开辟有数量不等的茶园，用来生产红茶，只是生产量不大。下面，择要对南美洲几个有代表性国家的饮茶风情，简介如下。

巴西：爱茶胜过咖啡

巴西位于南美洲东南部，是南美洲最大的国家。巴西历史上曾是葡萄牙殖民地，1807年拿破仑入侵葡萄牙时，葡萄牙王室于1808年初为避战乱，曾逃往殖民地，同时迁都巴西里约热内卢（1820年葡萄牙王室重新迁回里斯本）。据史料记载，当时葡萄牙王室为解决财政困难，根据早年与中国经营茶叶贸易的经验，积极设法在巴西发展茶业生产，直接向欧洲出口茶叶，以缓解财政问题。为此，于1810年前后开始，便从中国引进茶种，并聘请中国澳门（当时是葡萄牙殖民地）茶工，先在巴西里约热内卢植物园等地试种茶树。截至1890年，至少有300多名中国茶工到巴西种茶。如今，在澳门历史档案馆还藏有一份资料，说的是1812年一名叫亚腾的中国茶工，寄给在澳门南兄的一封信件，其中写到他在巴西种茶的情况。由此推断，巴西饮茶很可能受葡萄牙影响，至少有二三百年历史了。

在生活中，巴西饮食以辣出名，当地人民大多数爱吃辣椒，平常主要吃欧式西餐。又因为巴西畜牧业发达，所以巴西人所吃食物，肉类占有很大的比重。这种饮食文化背景，正好与饮茶文化相辅相承，尽管巴西盛产咖啡，但茶依然是巴西人民喜好的一种饮料。

巴西人饮茶，因受欧洲文化影响较深，大多喜欢红茶。不过在巴西，人们普遍饮用的却是当地生产的马黛茶。当人们行走在巴西的大街小巷上，总会看到很多当地人手里拿着一个棕褐色的葫芦状容器，里面装满了绿色粉末状的东西，还插着一根亮晶晶、细瓢状的金属吸管。他们一边走路一边不时地吸上两口，一副悠然自得的样子。其实，葫芦里装的就是产自南美洲南部的一种饮料植物 —— 马黛茶。

说到马黛茶，在巴西还有一个美丽的传说：在很久以前，有一天，月亮婆婆和彩云仙子来到人间游玩，路遇一只美洲虎，并遭到猛烈攻击，最后遇到一个老人，才救了她们。两位女神为了感谢救命恩人，从怀中取出一种植物送给老人，说这种植物既是谢恩之物，又是健康饮料，今后随时饮用，可以时时想起这段不平凡的友谊。这种饮料就是后来当地人普遍饮用的马黛茶。其实，马黛茶是当地人民的传统代茶饮料，从远古时起，当地人便从马黛树上采下嫩枝，经过晾干、分拣后就冲泡当保健饮料饮用。后来，又经逐渐改进完善，才演变成如今芳香可口的马黛茶。所以，马黛茶在当地还有"液体沙拉""奇迹茶"之称。

由于马黛茶普遍为巴西人所饮用，所以在巴西人的记忆中，世界三大饮料的排列程序是马黛茶、茶叶和咖啡。

阿根廷：马黛茶跻身"国宝四绝"

阿根廷位于南美洲南部，历史上是一个移民国家，大部分居民是西班牙和意大利人的后裔，所以阿根廷人的饮食文化掺杂着欧陆西餐成分，食物主要以肉类为主，但甚少吃猪肉，用炭烤肉是当地饮食文化的主要特色。在这种饮食文化的熏陶下，茶自然成了阿根廷人的最爱之一。

阿根廷人以饮红茶为主，习惯于饮加牛奶和糖的调味甜红茶。又由于阿根廷大部分疆域处于温带、亚热带地区，地理环境适合茶树种植。阿根廷生产的茶叶，以红茶为主，85%以上是用来出口。阿根廷人如同南美其他国家，例如巴西、巴拉圭一样，他们虽然种植茶树，生产茶叶，有饮茶风俗，但本民族更多有饮马黛茶的习惯。阿根廷誉称马黛茶为"国宝""国茶"，阿根廷人民对马黛茶的喜爱与其他南美国家相比，氛围更浓，而今已跃为南美马黛茶最大的生产国和出口国。

马黛茶源于南美巴拉那森林，这片红土地神秘而危险，却有丰富的资源。印第安人独享马黛茶的局面在15世纪末16世纪初被哥伦布打破，随着欧洲殖民者的涌入，西班牙人带走了马黛茶。马黛茶最初以药用的形式被西班牙人所接受。后来殖民统治者曾试图禁止马黛茶的饮用，然而马黛茶屡禁不止，生生不息。据说，在阿根廷饮马黛茶已有400年以上历史了。据诺贝尔医学奖得主阿根廷著名医学家胡塞分析证明：马黛茶有196种可检验出的活性物质，超过任何其他现有可食用植物。为此引起世界许多科学家的关注，认定马黛茶有平衡神经功能、净化体内环境、提升血液质量、促进新陈代谢、增强抗病体质等六大功效。而阿根廷人饮食以牛羊肉为主，食物较为单一，但身体健康强壮，认为这与长期饮马黛茶有关。

马黛树系冬青科木本植物。采收嫩梢后，经烘干研末就成了马黛茶。阿根廷人喝马黛茶非常讲究泡茶器具的用料与装饰，认为这是一种身份的象征。

饮马黛茶的器具很奇特，盛泡器是一个葫芦状的壶。一般家庭选用的是用木质、竹质，以及葫芦等材质，也有地位较高的家庭选用金银、皮革质地的马黛壶。马黛壶做工有的质朴，也有的精美华丽，雕刻、镂空，还会描摹上各种纹饰，有山水、花鸟、人物等，全凭各自的喜好。壶内插有一根用不锈钢制成的吸管，吸管一端与普通的吸管无异，但另一端则是扁圆的，呈勺状，上面遍布许多小孔，起到滤网的作用。因为饮马黛茶时，人民并非是用口喝，而是用气吸的。使用时，将吸管扁平的一端插入茶水中，再通过小孔将茶水吸入管内，然后进入口中。小孔则起到过滤茶渣的作用。世界各地的游客到了阿根廷，不但要品尝马黛茶，而且还要购买几个如同艺术品一般的马黛茶壶，留作纪念。

过去阿根廷人饮茶时，通常是家人、朋友围坐一圈，但只用一个马黛壶、一根吸管。先由主人开始，吸一口传递给旁边的人，如此往返使用，其乐融融。待壶内茶水吸尽时，再添水继续吸茶聊天，如此边吸边聊，常常就这样度过一个下午或晚上，共享马黛茶给人带来的天伦之乐。阿根廷人认为，共吸一壶茶，意味着双方无芥蒂，把彼此看作朋友，这是关爱和平等的体现。不过，喝马黛茶还有一个不成文的规矩，一定要把壶中的茶水吸干，直至发出"咕咕"的声音为止。

如今，阿根廷人已将吸马黛茶当作生活的一个重要部分，马黛茶在阿根廷和探戈、烤肉、足球并列为"国宝四绝"。阿根廷对马黛茶的重视程度，还可以从传统的马黛茶节得到印证。据查，自1944年以来，在每年11月马黛茶收获后的第二个星期，他们便会连续六天举办狂欢和庆祝活动来赞颂马黛茶。如今，马黛茶节已成为阿根廷除国庆节之外最大的狂欢节日。马黛茶节日期间，阿根廷人总会身穿传统服装，狂欢在大街小巷之间，着装漂亮的少男少女还会向行人分赠小盒装的马黛茶。节日期间，还有一项最重要的内容，就是评选"马黛公主"，这项殊荣是大多数阿根廷女性可望而不可即的。

南美洲其他国家

南美国家，由于历史和地理原因，以及受民族文化的影响，或多或少都有饮茶习俗。总的说来，受欧式饮茶文化影响较大，还与北美饮茶文化以及本民族文化相关联。如南美国家普遍有饮调饮红茶的习惯，饮茶时喜欢在茶水中加入牛奶和糖，这是受欧式饮茶文化影响的结果。南美许多国家又有饮凉茶的做法，喜爱在饮茶之前，将茶进行冷处理一下，认为饮凉茶更适合口感。在南美国家中，还有更多的人，习惯于饮产于南美的马黛茶，誉称马黛茶是"神圣赐予的福茶"。所以在南美国家中，普遍认为"世界三大饮料"依次是马黛茶、咖啡和茶叶。下面，仅举几例，以飨读者。

在智利，尽管咖啡占据大量饮料市场，但是茶仍然是智利人的首选。据欧睿国际信息咨询公司数据显示，以2009年为例，智利年消费茶1.5亿美元、咖啡1.24亿美元。折合智利人均消费茶8.8美元、咖啡7.3美元，表明智利是世界上人均茶叶消费大国之一。2016年茶叶进口量为2.09万吨。智利人消费最多的是红茶，近年来绿茶和多味茶等也开始进入智利市场。这种情况，还出现在它的邻居巴西、乌拉圭等国。

玻利维亚毗邻巴西、阿根廷、智利等国，在农业发达的拉巴斯省有少量茶叶生产。饮茶方式和北美、欧洲类同，或者饮冰茶，这和美国人的习惯相同；或者饮奶茶，这又和欧洲人的饮茶习惯相似。除此之外，还有一种饮茶方法，颇有玻利维亚特色，就是将茶与咖啡混合后一同饮用，这种茶饮起来别具一格。

乌拉圭位于南美洲东南部，与阿根廷、巴西等国接壤，饮茶风习也与阿根廷、巴西颇有相似之处，他们崇尚饮马黛茶，对马黛茶情有独钟。但在日常生活中，仍有许多人喜欢饮茶，这是因乌拉圭为移民国家，白人占90%以上，大多为意大利、西班牙、德国和其他欧洲国家移民的后裔，所以在日常生活中有比较多的人崇尚欧式饮茶，喜欢饮红茶，尤其是袋装红茶和速溶红茶。饮茶时习惯于在茶水中加入牛奶和白糖，爱好饮调味红茶。

总之，无论是过去和现代，南美国家饮茶具有显著的地区风格，饮茶具有多元化的特色，这是南美国家与其他洲饮茶方法的不同之处。

大洋洲：由欧洲传入饮茶文化

　　大洋洲位于太平洋西南部和南部的赤道南北广大海域中，地处亚非之间和南北美洲之间的交通要道上，包含的国家有澳大利亚、新西兰、巴布亚新几内亚独立国、斐济、汤加等国，由14个独立国家组成，绝大部分居民信奉基督教，少数信奉天主教、印度教。全洲除澳大利亚的内陆地区属大陆性气候外，多属热带和亚热带海洋性气候。

　　大洋洲各国人民饮茶，大约始于18世纪末至19世纪初期。当时随着各国经济发展、文化交流的日益频繁，一些传教士、商人将茶带到澳大利亚、新西兰等地。久而久之，饮茶之风便逐渐在大洋洲兴起，特别是在澳大利亚、新西兰、斐济等国还进行了种茶的尝试，并在斐济、新西兰等国获得成功。不过，全洲茶叶产量有限，所需茶叶靠进口解决。

澳大利亚：茶为首选饮料

　　澳大利亚在1788~1900年期间，曾是英国的殖民地。1901年，殖民统治结束，才成为一个独立的联邦国家。所以，饮茶风习受英国影响很深。同时，澳大利亚又是一个移民国家，由不同国家的移民组成，奉行多元文化。因此，澳大利亚又具有多元化饮茶风习。加之，澳大利亚更是世界上放养绵羊数量和出口羊毛最多的国家，有"骑在羊背的国家"之称，食物以牛羊乳肉制品为主，茶的去腻助消化功能，使之成为当地人民的首选饮料。在这种境况下，尽管澳大利亚本国产茶不多，但饮茶风习却依然在全国范围内为人民普遍接受和喜爱。

澳大利亚种茶始于18世纪80年代后期，后为旋风所毁。1959年又在澳大利亚的同尼斯费尔、昆士兰以及新南威尔士等地的一些种植园重新开辟茶园，种植茶树。但发展缓慢，直到20世纪80年代才开始有所进展，茶叶产量有较大的增加。如今，澳大利亚的茶叶产区主要在昆士兰州的北部以及新南威尔士两地，但远远不能满足本国市场的需求，95%的茶叶靠进口解决。进口茶叶主要来自印度、斯里兰卡、印度尼西亚、中国等国。

澳大利亚鼓励各种文化兼容并蓄，共同发展。在这种情况下，澳大利亚饮茶文化也呈现多元化特征。但总的说来，澳大利亚饮茶风习受英国影响较深，特别是在欧洲移民居住区，人民习惯于饮红茶，强调一次性冲泡，饮用时还须滤去茶渣，并喜欢用糖、牛奶、柠檬或其他果汁调味。他们特别钟爱饮茶味浓厚、色泽红艳、口感强烈的红碎茶。同时，还沿袭了英国人饮下午茶的饮茶传统。以前澳大利亚每个政府部门、工作单位都配有"茶侍"，其工作职责就是专门用来为大家备茶、送点、服务。

　　在澳大利亚亚洲移民居住区，尤其是华人居住区，依然保留着饮绿茶风习，而且钟情于饮不加任何调料的绿茶。

　　如今，在澳大利亚的偏远农村，还流行着一种奇特的"茶壶舞"。茶壶舞是沏茶者在茶壶中的水开始沸腾时，立即将茶叶放入壶水中，然后立即将茶壶提起，并提着茶壶，绕着身子舞动转圈，并愈转愈快，然后速度才缓缓变慢，直至停止转动。对一个沏茶高手来说，不能在转动过程中将茶汤溢溅出来。这种沏茶方法，不但具有良好的观赏性，而且还有促进茶水相融、浓度匀净的作用，可谓"一举两得"，能为茶旅文化的开发增添风采。

新西兰：茶室用餐，餐后饮茶

　　新西兰位于太平洋西南部，地处大洋洲，属温带海洋性气候，四季温差不大，植物生长十分茂盛，畜牧业尤其发达，乳制品与肉类是最重要的食品，为饮茶文化的发展提供了条件。而毛利人、欧洲人、亚洲人和大洋洲人等众多民族人群的聚集，又为新西兰饮茶多元化奠定了基础。再加上新西兰人的生活节奏比较缓慢，人民生活比较悠闲富裕，这又为新西兰人对茶品选择力求高档化、多样性以及茶馆休闲文化生活铺平了前进的道路。所以，从茶的总体消费水平而言，追求饮茶文化，力求茶商品的高档化，以及购茶趋向品牌、时新，强调有选择性，已经成了新西兰人对茶生活的常态。近二十年来，新西兰还在中国台湾人的帮助下，开始开辟茶园，种植茶树，目前已有茶园1000多公顷，生产的乌龙茶普遍受到青睐，但茶叶依然需要进口解决。

新西兰饮茶一般认为始于19世纪初，饮茶风习主要是由欧洲人传播去的，特别是受英国饮茶风俗的影响，喜欢饮用牛奶红茶和柠檬红茶，而且有在红茶中加糖的习惯。

在新西兰，除较多的人喜饮红茶外，还有喜欢饮绿茶的，特别是华裔聚居较多的地方。新西兰人饮绿茶，除清饮外，还有习惯于加糖调饮的。近年来，新西兰人也开始饮起了乌龙茶，主要是受中国台湾人的影响。

新西兰人普遍喜欢饮茶，在生活中每天除早茶外，还饮午茶和晚茶。至于茶室、茶会等几乎遍布城乡每个角落。在新西兰人民的心目中，晚餐是一天的主餐，它比早餐和午餐更重要，有趣的是他们称晚餐为"茶多"，足见茶在新西兰饮食中的地位。特别奇怪的是，新西兰人用餐常常选择在茶室进行，因此茶室随处都有，即便在乡镇，茶叶店和茶室也随处可见。茶室供应的主要饮茶品种除牛奶红茶、柠檬红茶、甜红茶外，还有清绿茶、甜绿茶等。

但新西兰人通常在就餐之前不供应茶，只在用完餐后才有饮茶的习惯。

在新西兰机关、公司、厂矿等工作场所，在上午和下午还安排有饮茶休息时间。至于朋友来访或洽谈商务，一般都得先奉上一杯茶，以示敬意。

由于饮茶已融入到新西兰人的生活之中，所以新西兰的人均茶叶消费量一直位居世界前列。

斐济："国饮"卡瓦茶

斐济共和国是南太平洋上的一个岛国。19世纪初期开始，欧洲人大量移入斐济；1874年斐济沦为英国殖民地；1879~1916年大批印度人作为英国雇工到斐济种植甘蔗；1970年10月10日斐济独立，并成为英联邦的一个成员；2009年改国名为斐济共和国。由于斐济长时间受英国殖民影响，又加上有较多的印度移民加入，所以斐济饮茶文化受西欧，特别是英国影响较深，有饮下午茶习惯。饮用的茶叶，以红茶为主；又因斐济人饮食口味偏重，要求红茶色泽红艳、滋味浓厚、口味强烈，最喜欢饮加有牛奶和白糖的牛奶红茶。不过，就全国范围而言，斐济人有喜欢饮茶的，也有喜欢喝酒的，特别值得一提的是，有许多斐济人喜欢喝一种叫卡瓦汁的茶饮料。

卡瓦汁由斐济当地叫洋格纳树的树根，经研磨成白色粉末后，装入白色清洁的布袋内，而后浸泡在盛有生水的盆中。稍后，再用双手使劲搓揉浸泡的布袋，挤出黏汁，类似中国人过去用布袋揉压豆浆汁一般。至于洋格纳树根粉末揉到什么程度为好，全凭经验技术。这种用植物根部提取出来的饮料，就是斐济非常著名的卡瓦茶。所以，卡瓦茶并不是真正意义上的茶，实为非茶之茶。诚如中国的茶艺一样，斐济的卡瓦茶不仅是大家平日生活中非常喜爱的饮料，而且在一些重要的场合，比如商议重大事宜、举办盛大活动、迎接尊贵客人时，不仅是招待宾客的必备礼物，也是一项重要的礼仪。更有甚者，倘若有事要去拜访亲朋好友或村落长老的时候，带上几根洋格纳树根，往往是首选。

此外，斐济也生产一种用诺丽果树叶制作成的诺丽茶，这也是非茶之茶，据说有很好抗氧化作用，对人体具有提高免疫力的作用，也受到许多消费者青睐。

在斐济，就全国范围而言，人们虽然可以品尝到浓艳的红奶茶、美味的葡萄酒、清爽的白兰地、醇厚的纯咖啡，但多少年来，斐济人最喜爱的依然是卡瓦茶，这才是他们的真爱，可以称得上是斐济的国饮。尽管在旁人看来，卡瓦茶滋味谈不上好喝，但它已被斐济人赋予了神圣、心灵的意义。卡瓦茶对于斐济人来说，如同中国人看待茶叶为"国饮",是斐济文化中一个必不可缺的符号,那种原始、古朴、传统和自然是任何其他饮料无法替代的。在饮用卡瓦茶时,斐济人会耐心而不厌其烦地在客人面前展示卡瓦茶的制作全过程,从将洋格纳树根研成末开始,到将粉末装袋放在水中不停地揉搓,直到将整袋粉末拧干出水后,制成卡瓦饮料。

斐济人在向客人敬献卡瓦茶时,总要用斐济语说句祝福话,同时还会齐声击掌,以表欢迎和敬意。按照斐济的传统习俗,客人在接卡瓦茶之前还得先击掌一下,以示感谢。然后,用双手接过用椰子壳做成的茶碗,将卡瓦茶一饮而尽,再击掌三下,再次表示感谢。不过,斐济人平日饮的饮料,尽管卡瓦茶最为普遍,但在一些上层人士家中或者政界、商界、金融界等的交流活动中,用茶待客仍然是不可或缺的礼仪。在许多较为富有的家庭中,甚至还有饮早茶、午茶和晚茶的习惯。

结 语

　　一种饮料在全球的风靡，必然有其独到之处，能够自成一种风俗，更说明这种饮料是有内涵的饮料，茶叶就是如此。它既可以是物质的饮料，也可以是精神的文化。有赖于这种独特属性，饮茶在世界范围内或早或晚地逐渐发展着，风情万种地演绎着各个区域的独特习俗。

　　"纸上得来终觉浅，绝知此事要躬行"，世界饮茶风情，绝不只停留在文字上，最好便是亲身经历，这样，纸上的文字便能跳脱出来，成为具象。

图书在版编目（CIP）数据

只要有一壶茶，到哪儿都是快乐的：世界饮茶风情
录 / 姚国坤，刘蒙裕，董俐妤编著. —— 上海：上海文
化出版社，2021.6
ISBN 978-7-5535-2290-6

Ⅰ. ①只… Ⅱ. ①姚… ②刘… ③董… Ⅲ. ①茶文化
－世界 Ⅳ. ①TS971.21

中国版本图书馆CIP数据核字(2021)第088669号

出 版 人 姜逸青

责任编辑 黄慧鸣

装帧设计 王　伟

书　　　名 只要有一壶茶，到哪儿都是快乐的 —— 世界饮茶风情录

编　　　著 姚国坤　刘蒙裕　董俐妤

出　　　版 上海世纪出版集团　上海文化出版社

地　　　址 上海市绍兴路7号　200020

发　　　行 上海文艺出版社发行中心

　　　　　 上海市绍兴路50号　200020　www.ewen.co

印　　　刷 苏州市越洋印刷有限公司

开　　　本 787×1092　1/32

印　　　张 7.75　插页 12

版　　　次 2021年6月第一版 2021年6月第一次印刷

书　　　号 ISBN978-7-5535-2290-6/G.383

定　　　价 58.00元

敬 告 读 者　如发现本书有质量问题请与印刷厂质量科联系　电话：0512-68180628

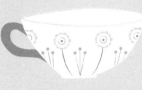

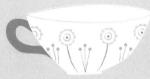